EMBARCACIONES INSUMERGIBLES CON RECUPERACIÓN DE LA FLOTABILIDAD
IRF -

Principios de insumergibilidad de las embarcaciones con recuperación de la flotabilidad
-IRF
2ª EDICIÓN - 2016

JUAN IGNACIO RADUAN PANIAGUA
jiraduan@gmail.com

PRINCIPIOS Nº01
PRINCIPIOS DE INSUMERGIBILIDAD IRF

PRINCIPIOS

Registrados los derechos profesionales y de autor, a nombre de Juan Ignacio Raduan Paniagua

EMBARCACIONES INSUMERGIBLES
CON RECUPERACIÓN DE LA FLOTABILIDAD
-IRF-

AGRADECIMIENTOS

Mi agradecimiento a las personas que me han facilitado la realización del presente trabajo, con cita especial de Don Luis Vinches, Decano Presidente de Ingenieros Navales y Oceánicos de España, por su apoyo en mis métodos sobre las embarcaciones insumergibles con recuperación de la flotabilidad – IRF.

Agradezco a Don Luis Fernández Cotero, por su aportación en la dirección de los Cursos de Diseño y tecnología de la construcción de embarcaciones de recreo y competición YTB-09, realizada en la Facultad Náutica de Barcelona.

JUAN IGNACIO RADUAN PANIAGUA

PRINCIPIOS Nº01
PRINCIPIOS DE INSUMERGIBILIDAD IRF

Tabla de contenido

PRINCIPIOS 1
   AGRADECIMIENTOS 2

DESCRIPCIÓN GENERAL 8
   DESCRIPCIÓN 9
   ARQUÍMIDES 10
      HISTORIA 10
      COMPENSACION DE VOLÚMENES 10
      ELEMENTOS PARA LA COMPROBACIÓN 11
   FORMA DE PROCEDER 12
   EL VOLUMEN DE UN CUERPO IRREGULAR 15

PRINCIPIO DE ARQUIMEDES 17
   TEORIA 18
      PRINCIPIO DE ARQUÍMIDES 18
   1.-FLOTACIÓN EN LA SUPERFICIE 20
   2.-FLOTACIÓN EN LA SUPERFICIE 20
   3.-FLOTACIÓN EN LA SUPERFICIE 20
   4.-FLOTACIÓN ENTRE DOS AGUAS 20
   5.-HUNDIMIENTOS 20
   6.-HUNDIMIENTOS 20
   7.-INSUMERGIBILIDAD 20
   8.-INSUMERGIBILIDAD 20
   9.- RECUPERACIÓN DE LA FLOTABILIDAD - 20

1.-FLOTACIÓN EN LA SUPERFICIE - CUERPOS SÓLIDOS SIMPLES 21
   1.-FLOTACIÓN EN LA SUPERFICIE – 22
   CUERPOS SÓLIDOS SIMPLES 22
   PRINCIPIO DE ARQUÍMIDES 22
   SITUACIONES DE LOS CUERPOS SÓLIDOS 22
   A.- FLOTACIÓN 22
   B.- FLOTACIÓN ENTRE DOS AGUAS 22
   C.- HUNDIMIENTO 22
   A.- FLOTACIÓN DE LOS CUERPOS SÓLIDOS 23
   B.- FLOTACIÓN DE LOS CUERPOS SÓLIDOS ENTRE DOS AGUAS 23
   C.-HUNDIMIENTO DE LOS CUERPOS SÓLIDOS 24

2.-FLOTACIÓN EN LA SUPERFICIE - CUERPOS HUECOS SIMPLES 25
   2.-FLOTACIÓN EN LA SUPERFICIE 26
      CUERPOS HUECOS SIMPLES 26

3.-FLOTACIÓN EN LA SUPERFICIE – EMBARCACIONES. 29
3.-FLOTACIÓN EN LA SUPERFICIE 30
EMBARCACIONES. 30
4.-FLOTACIÓN ENTRE DOS AGUAS – EMBARCACIONES.SUBMARINAS 36
4.-FLOTACIÓN ENTRE DOS AGUAS 37
EMBARCACIONES SUBMARINAS 37
EMBARCACIONES SUBMARINAS 39
5.-HUNDIMIENTOS 44
CUERPOS HUECOS SIMPLES 44
5.-HUNDIMIENTOS 45
CUERPO HUECO SIMPLE 45
6.-HUNDIMIENTOS 46
EMBARCACIONES 46
6.-HUNDIMIENTOS 47
EMBARCACIONES 47
7.- RECUPERACIÓN DE LA FLOTABILIDAD 49
VASOS COMUNICANTES 49
VASOS COMUNICANTES 50
APLICACIÓN DE LOS VASOS COMUNICANTES 50
VASOS COMUNICANTES EN RECIPIENTES DISTINTOS 52
CUERPOS HUECO CON AGUA EN RECIPIENTES 52
VOLUMENES SIMPLES 54
VOLÚMENES EN EL MAR 54
APLICACIÓN EN UNA EMBARCACIÓN – IRF - 57
FASE -A- 58
FASE – B - 58
FASE -C- 58
FASE –D- 59
FASE –E 59
8.- RECUPERACIÓN DE LA FLOTABILIDAD - IRF 63
EMBARCACIONES EN SUPERFICIE 63
8- RECUPERACIÓN DE LA FLOTABILIDAD--IRF 64
EMBARCACIONES EN SUPERFICIEF 64
9.- RECUPERACIÓN DE LA FLOTABILIDAD 67
EMBARCACIONES SUBMARINAS 67
EMBARCACIONES SUBMARINAS 68

APLICACIÓN DEL –IRF 68
  A.- Características. 69
  B.- Pesos totales del submarino 69
  Densidad del submarino 71
  Ds = 1.02499 71
  C.- Volúmenes desplazados de agua. Desplazamiento. 71
  D.- Empujes de los volúmenes, flotación en superficie 73
  E.- Situación de la flotación del submarino entre dos aguas. 74
  F.- Anulación de los volúmenes de proa y popa. Hundimiento 76
  G.- Desprendimiento del lastre. 77
  H.- Emersión a la superficie, recuperación de la flotabilidad. IRF. 79

MÉTODO 1 81
RECUPERACIÓN DE LA FLOTABILIDAD 81
  METODO 1 82
    RECUPERACIÓN DE LA FLOTABILIDAD 82
    METODO 1 82

MÉTODO 2 87
RECUPERACIÓN DE LA FLOTABILIDAD 87
  METODO 2 88
  TABLA Nº 1. 90
    COMPARATIVO DE LOS MÉTODOS 1 y 2 90
    METODO 2 90

MÉTODO 3 91
RECUPERACIÓN DE LA FLOTABILIDAD 91
  METODO 3 92
  1.- CARACTERISTICAS DE LA EMBARCACIÓN: 92
    NAUTA 50-IRF 92
    PROCEDIMIENTO A SEGUIR: 93
    A.-DESPLAZAMIENTO DE LA EMBARCACIÓN 93
    B.- GRUESO DEL CASCO 97
    C.- VOLÚMENES SÖLIDOS Y HUECOS 98
    D.-LOS APÉNDICES 100

INSUMERGIBILIDAD 103
CUERPOS HUECOS SIMPLES 103
  CUERPOS HUECOS INSUMERGIBLES 104
    CUERPOS HUECOS SIMPLES 104
    CUERPOS HUECOS INSUMERGIBLES 105

INSUMERGIBILIDAD 106

EMBARCACIONES **106**

INSUMERGIBILIDAD DE UNA EMBARCACIÓN 107
Cálculo – IRF 107
Procedimiento: 107
EJEMPLO PRÁCTICO – IRF 114
CALCULO DE LOS VOLÚMENES 114
TABLA Nº2 115
COMPROBACIÓN DEL -IRF 120
EL CASCO 123

CONVERSIÓN EN VOLÚMENES DE AGUA **130**

EJEMPLO PRÁCTICO **130**
VOLÚMENES OBRA VIVA 131
1.- VOLÚMENES SUPERIORES O IGUALES AL AGUA 131
2.- VOLUNENES INFERIORES AL AGUA 131
TABLA Nº3 134
NAUTA 40 -IRF 134
CÁLCULO DE LA INSUMERGIBILIDAD Y 134
RECUPERACIÓN DE LA FLOTABILIDAD 134
IMMERSIÓN DE LA EMBARCACIÓN 138
ALTURA A COMPENSAR, FRANJA 138

PUBLICACIONES **140**
Sección: Libros: Nauta 40 CONSTRUCCIÓN 141
Sección: Libros DELFIN 35 construcción 142
Sección: Libros DELFIN 35 E planos 143
Sección:Libros DELFIN 35 E planos 144
Sección:Libros ESCALA DE PESO 145

DESCRIPCIÓN GENERAL

DESCRIPCIÓN

Pretendo hacer una descripción detallada, sobre los principios y los métodos de cálculo de las embarcaciones insumergibles, que pueden recuperar el nivel de flotabilidad prevista en el proyecto, partiendo de un hundimiento parcial de una embarcación para que se produzca una expulsión del agua interior al exterior de forma natural, simplemente accionando el dispositivo **IRF**.

Para ello partiremos del Principio de Arquímedes, recordando los acontecimientos que lo llevaron a deducir dicho principio de la flotabilidad de los cuerpos, analizaremos los hundimientos y los motivos que los producen y por último los principios de la insumergibilidad y recuperación de la flotabilidad de los mismos.

El diseño de una embarcación **IRF** (**I**nsumergible con **R**ecuperación de la **F**lotabilidad), tiene por objeto la recuperación del nivel de flotación, en el momento que se produzca una inundación, en la que el agua se expulsará al exterior, mediante la abertura de una válvula de paso, situada en la parte inferior de la sentina que conecta con el exterior de la embarcación. El agua interior de la embarcación se auto expulsará, dejando el interior sin agua, podríamos decir que su interior quedaría completamente seco, permitiendo seguir la navegación.

Siempre que una embarcación se produce una vía de agua, es motivo de alarma, procediendo su tripulación a taponar la perforación que conecta el mar con el interior, motivo de la vía de agua.

Parece una contradicción la solución de la insumergibilidad y recuperación de la flotabilidad **IRF**, en la que precisamente se conecta el interior de la embarcación con el mar, en la parte inferior del casco, para que el agua del interior salga en vez de entrar.

Si se produjera una inundación en una embarcación **IRF**, con el consiguiente hundimiento de la misma, esta recuperaría de forma automática el nivel de la línea de flotación prevista en el proyecto, expulsando el agua de su interior al mar, sin tener que utilizar bombas de achique, simplemente accionando un dispositivo **IRF**.

Este cuaderno está dirigido a todo el mundo de la náutica, profesionales, empresarios, estudiantes y emprendedores, en el cual intento aportar mis conocimientos y experiencias con el fin de contribuir a mejorar la seguridad en el mar

¡¡ El placer de un retorno seguro!!

Juan Ignacio Raduan Paniagua

ARQUÍMIDES

HISTORIA

Para entrar a describir los principios de la insumergibilidad, antes tendremos que analizar el principio de la flotabilidad de los cuerpos de Arquímedes.

Recordemos brevemente un poco de los relatos, referentes a los motivos que llevaron al desarrollar el principio de la flotabilidad de los cuerpos.

Arquímedes de Siracusa (Sicilia), (287 – 212 a. C.), fue un matemático, inventor, ingeniero, astrólogo y científico. Hijo de Phidias astrólogo, amigo del rey de Siracusa Hierón II, perfeccionó, invento y estudió numerosos mecanismos, junto con temas de hidrostática y a él se debe, el primer enunciado de la ley de la palanca.

Arquímedes murió durante el sitio se Siracusa por los romanos (214-212 a C.), asesinado por un soldado romano.

Se relata que Hierón II de Siracusa, encargó a Arquímedes averiguar si una corona que le ofrecían era de oro o de plata. Una de las condiciones que pedía e insistía, que no la dañara para averiguarlo.

Cuando Arquímedes se iba a bañar, se dio cuenta, que cuando penetraba en el barreño que hacia la función de bañera, el agua de esta subía de nivel. Esto le hizo pensar que el volumen de su cuerpo al penetrar en la bañera desplazaba el agua, haciéndola subir de nivel.

De esta forma, dedujo que podría averiguar el volumen de la corona introduciéndola en el agua.Fig.01

Fig.01.- Arquímedes y la corona

COMPENSACION DE VOLÚMENES

De lo dicho anteriormente podemos deducir que siguió los siguientes pasos:

1.-Dispònia de una corona que no sabía con qué metales estaba hecha.
2.-Tenia monedas que eran de oro puro.

3.- Introducir la corona en el agua de un recipiente marcando el nivel del agua, para dejar constancia del nivel del volumen del agua desplazada, que equivaldría al volumen que ocupaba la corona dentro del agua.

4.- Extraída la corona del recipiente, procederíamos a introducir las monedas, de las cuales, tuviéramos la certeza que eran de oro puro.

5.- Introduciendo las monedas hasta conseguir que el nivel del agua llegue al nivel marcado en el recipiente, correspondiente al volumen de la corona. De esta forma podría tener la certeza de que los dos volúmenes eran iguales.

6.- Si tenemos dos volúmenes, el de la corona y el de las monedas iguales y estos fueran de metales iguales, sus pesos serían iguales, de lo contrario serían de metales distintos y sus pesos distintos.

7.-Cojiendo una balanza pondríamos en un plato de la misma la corona y en el otro las monedas, realizado esto, la balanza debería quedar equilibrada. Si los pesos fueran iguales y por consiguiente, los objetos serían del mismo metal, en este caso de oro.

8.- Si los volúmenes eran iguales, los pesos también, ambos serían de oro puro, de lo contrario si la corona tenía un peso inferior, a las monedas, nos indicaría que el metal de la corona no sería de oro, sería de otro metal.

ELEMENTOS PARA LA COMPROBACIÓN

Veamos el proceso secuencial de la forma de proceder de los elementos que disponía: Fig.02

ELEMENTOS:
Corona de metal
Monedas de oro

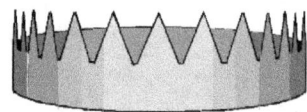

Fig.02.-Corona y monedas

3.- Recipiente lleno de agua .Fig.03

ELEMENTOS:
Barreño
Corona de metal
Monedas de oro

Fig.03.-Barreño con agua, corona y monedas

FORMA DE PROCEDER

A.- Introducimos la corona en el agua.Fig.04

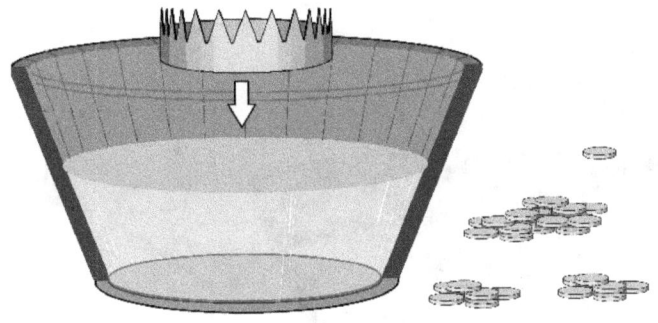

Fig.04.-Introducimos la corona en el agua.

B.- Una vez introducida la corona dentro del recipiente con agua, marcamos el nivel del agua en la parte interior del mismo. La diferencia de niveles anterior y posterior, nos dan la altura **H1**.Esto nos dará la medida correspondiente a la altura del grueso de la franja que nos marca el volumen de la corona **V1**.Fig.05

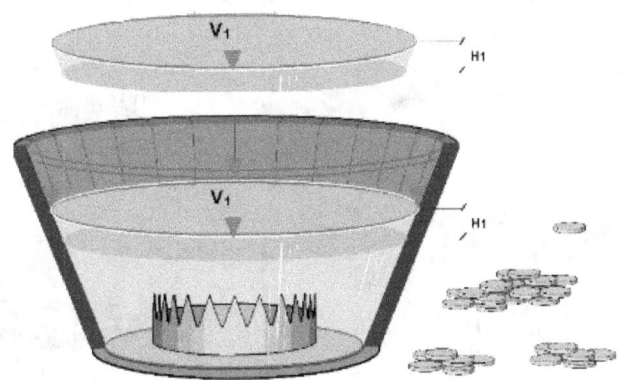

Fig.05.-Marcamos el nivel perimetral del agua.

C.- Antes de extraer la corona del recipiente, la altura **H1** del volumen **V1**, la dejaríamos marcada en el interior del recipiente.Fig.06

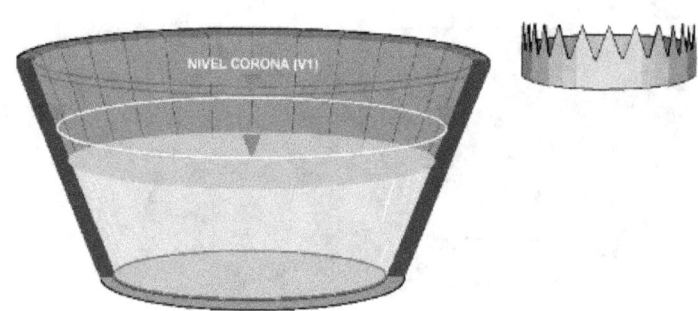

Fig.06.-Extracción corona, marca V1.

D.- Introducimos monedas observando que el agua vaya subiendo. Una vez llegue el agua al nivel marcado en el recipiente, dejaríamos de introducirlas. Las alturas de ambos volúmenes serian iguales. **H1=H2**.Fig.07

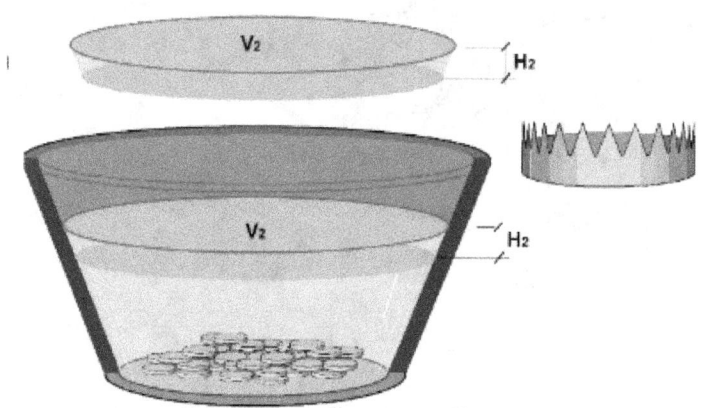

Fig.07.-Introducimos las monedas

E.- Con las monedas introducidas al tener la misma altura **H1=H2**, obtendremos el mismo volumen que el de la corona.**V1 = V2**.Fig.08

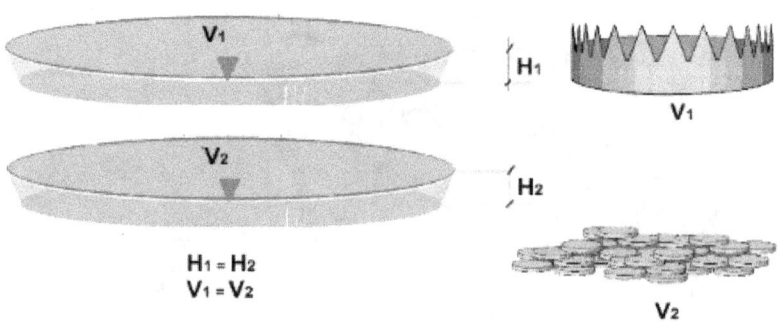

Fig.08.-Volumenes iguales V1=V2.

F.- Disponemos de una balanza para realizar los pesajes de la corona y el de las monedas.Fig.09

Fig.07.-Balanza.

G.-Colocamos la corona en uno de sus platos.Fig.10

Fig.10.-Corona colocada.

H.- Si al colocar las monedas en la balanza quedara nivelada, nos indicaría que al ser iguales los pesos con los mismos volúmenes, la corona sería de oro puro como las monedas.Fig.11

Fig.11.-Monedas colocadas, pesos iguales

I.- Si por el contrario la balanza se inclina al lado de las monedas, nos indicaría que la corona no es de oro, debido a que el peso del oro es superior por su densidad. Fig.12

Fig.12.-Monedas colocadas, pesos desiguales

J.- Estos procedimientos nos permite saber la densidad de la corona **D1** y la del grupo de monedas utilizadas **D2**. La densidad **D** de un objeto viene dada en:
Fig.13

$$D = Peso / Volumen = kg / m3$$

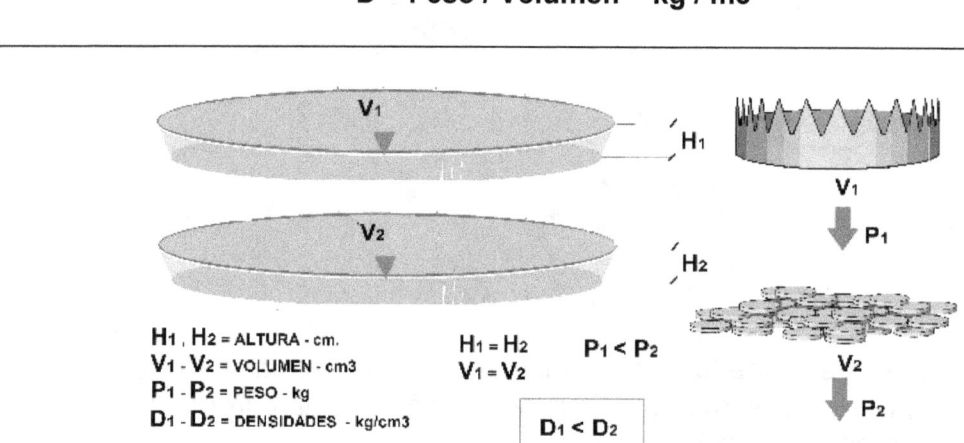

H_1, H_2 = ALTURA - cm.
$V_1 - V_2$ = VOLUMEN - cm3
$P_1 - P_2$ = PESO - kg
$D_1 - D_2$ = DENSIDADES - kg/cm3

$H_1 = H_2$ $P_1 < P_2$
$V_1 = V_2$

$D_1 < D_2$

Fig.13.- Densidades distintas de los materiales

Realizando las comprobaciones indicadas anteriormente, Arquímedes pudo saber con toda certeza si la corona era de oro.

Los cronistas de la época explican que cuando lo consiguió, lo proclamó por toda la ciudad de Siracusa mediante la frase ¡¡ Eureka, Eureka!!

EL VOLUMEN DE UN CUERPO IRREGULAR

Igualdad del volumen de las monedas y el volumen del agua desalojado

Fig.-14

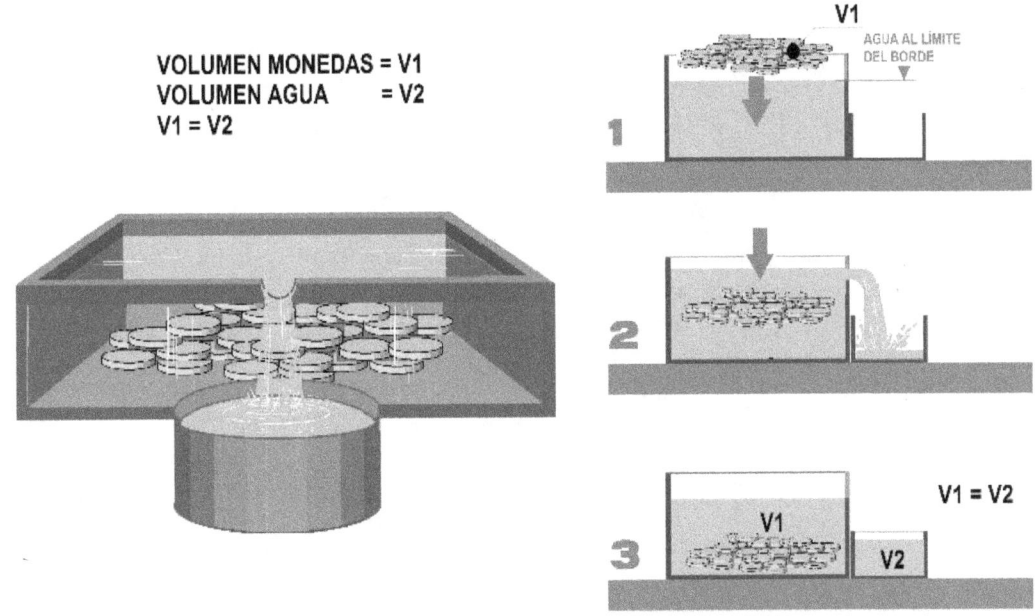

Fig.14.- Volumen de agua desalojado igual al de las monedas

Este corto relato nos permitirá analizar el método, para el cálculo de la insumergibilidad de las embarcaciones **IRF,** embarcaciones "*Insumergibles con Recuperación dela Flotabilidad*".

Para completar los cálculos de la insumergibilidad, consistentes en la recuperación de la flotabilidad, analizaremos los vasos comunicantes, mediante la aplicación de los mismos en las embarcaciones, conseguiremos que tal como ya se ha dicho, la embarcaciones que se hundan por tener lleno de agua su interior, podrá conseguir recuperar la flotabilidad, expulsando por si sola el agua interior, mediante una conexión del interior con el exterior.

La expulsión del agua, se desarrolla sin necesidad de bombas de achique, mecánicas o eléctricas, de forma natural, producido por la aplicación del principio de Arquímedes y los vasos comunicantes. .

La aplicación de los principios de la insumergibilidad de las embarcaciones, se puede aplicar a cualquier tipo de embarcación, ya sea con flotabilidad en superficie, yates, veleros, buques, pesqueros, cruceros, islas flotantes, etc., o bien con flotabilidad entre dos aguas, como sería el caso de las embarcaciones submarinas, submarinos, batiscafos, inmersiones deportivas, habitáculos submarinos, etc.

PRINCIPIO DE ARQUIMEDES

TEORIA

PRINCIPIO DE ARQUÍMIDES

Siempre ha sido motivo de alarma cuando en una embarcación se produce una vía de agua por debajo de la línea de flotación, lo que producía una inundación del interior de la misma con el consiguiente hundimiento de esta, debido a que el volumen vacío era desalojado por el agua del interior del casco, anulando la reserva de flotabilidad existente en la embarcación.

La ocupación por el agua de los volúmenes de aire del interior de la embarcación, provoca que solo queden los materiales con densidades superiores al agua, provocando el hundimiento.

Con el fin de seguir con los argumentos teóricos, vamos a recordar el principio de ARQUIMIDES y el principio de los VASOS COMUNICANTES, que nos servirán de base para el diseño de las embarcaciones insumergibles con recuperación de la flotabilidad. **IRF**

El principio de **ARQUIMIDES** dice:

Todo cuerpo sumergido total o parcialmente en un fluido, experimenta una fuerza vertical y hacia arriba igual al peso del fluido desplazado.

DATOS:
E = Empuje (N)
ρ = Densidad del fluido (kg/m^3)
g = Gravedad (9,81 m/s^2)
V = Volumen desplazado (m^3)

$$\boxed{E = \rho_{fluido} \cdot g \cdot V_{desplazado}}$$

La diferencia entre densidades del cuerpo y el fluido hará que el cuerpo flote o se sumerja, así por ejemplo, un bloque de hierro se sumergirá en el agua por tener su densidad superior a la misma. En cambio el mismo bloque de madera no se sumergirá completamente ya que la madera tiene densidad inferior al agua.

Todo ello se muestra en el ejemplo siguiente:

Un cuerpo parcialmente sumergido

$$E = \rho_{fluido} \cdot g \cdot V_{desplazado}$$
$$P = \rho_{solido} \cdot g \cdot V_{solido}$$

P (peso) = E (empuje)

La **E** y la **P** son unidades de fuerza por lo que vienen expresadas en Newtons **N**

El cuerpo se encuentra en equilibrio puesto que está flotando, la suma de fuerzas verticales son iguales a cero. Tal como vemos en la figura Fig.15.

$$E - P = \Sigma F_{verticales} = 0$$

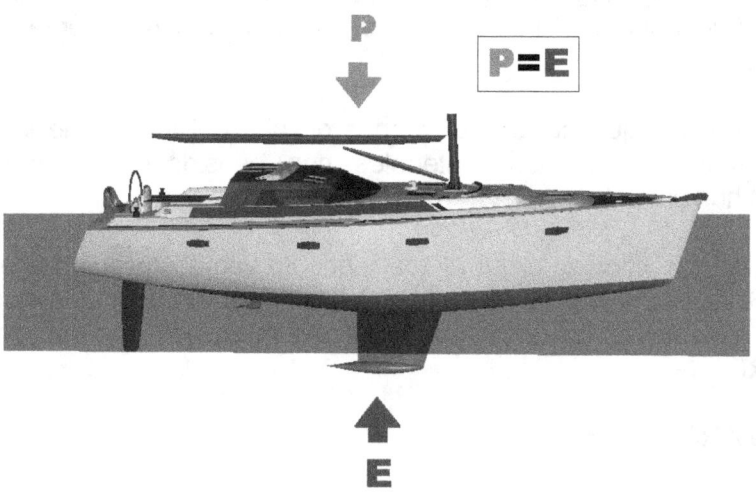

Fig. 15.- El peso será igual al empuje, quedando en equilibrio.

Como vemos en la figura solo tenemos dos resultantes de las fuerzas verticales hacia abajo y de empuje hacia arriba, que serían iguales para que existiera equilibrio:

$$-P \text{ (peso)} + E \text{ (empuje)} = 0$$

La conclusión seria que el peso sea igual al empuje

$$P = E$$

ρ_{fluido} = Densidad del fluido

g = Gravedad

ρ_{solido} = Densidad del solido

V_{solido} = Volumen del solido

La gravedad **g** es igual en las dos partes de la ecuación, por lo que las podemos eliminar, quedando de la forma que continuación indico.

$$\frac{\rho_{fluido}}{\rho_{solido}} = \frac{V_{solido}}{V_{desplazado}} \qquad V_{desplazado} = V_{solido} \cdot \frac{\rho_{solido}}{\rho_{fluido}}$$

$$V_{desplazado} \cdot \rho_{fluido} = V_{solido} \cdot \rho_{solido}$$

Para el análisis del principio de Arquímedes, partiremos de la flotación de los cuerpos sólidos, seguiremos con los cuerpos huecos simples para acabar con los cuerpos huecos más complejos, las embarcaciones.

Para poder diseñar y construir correctamente las embarcaciones, tienen que estar claros los principios de insumergibilidad, los cuales los analizaremos partiendo de los siguientes puntos:

1.-FLOTACIÓN EN LA SUPERFICIE - CUERPOS SÓLIDOS SIMPLES
2.-FLOTACIÓN EN LA SUPERFICIE - CUERPOS HUECOS SIMPLES
3.-FLOTACIÓN EN LA SUPERFICIE – EMBARCACIONES.
4.-FLOTACIÓN ENTRE DOS AGUAS – EMBARCACIONES.SUBMARINAS
5.-HUNDIMIENTOS - CUERPOS HUECOS SIMPLES
6.-HUNDIMIENTOS - EMBARCACIONES
7.-INSUMERGIBILIDAD- CUERPOS HUECOS SIMPLES
8.-INSUMERGIBILIDAD - EMBARCACIONES
9.- RECUPERACIÓN DE LA FLOTABILIDAD -EMBARCACIONES SUBMARINAS

1.- FLOTACIÓN EN LA SUPERFICIE - CUERPOS SÓLIDOS SIMPLES

1.-FLOTACIÓN EN LA SUPERFICIE –

CUERPOS SÓLIDOS SIMPLES

En este grupo consideraremos a los cuerpos totalmente sólidos compuestos por un mismo material, los cuales según su densidad se obtendrán comportamientos distintos de su flotabilidad, dentro de un fluido con una densidad específica.

PRINCIPIO DE ARQUÍMIDES

Veamos de forma gáfica el principio de Arquímedes, dice:

Todo cuerpo sumergido en un fluido, experimenta un empuje vertical **E**, igual al peso del fluido desalojado **P**. Fig.16

DATOS:
E=Empuje
Pa=Peso del fluido desalojado
E = Pa

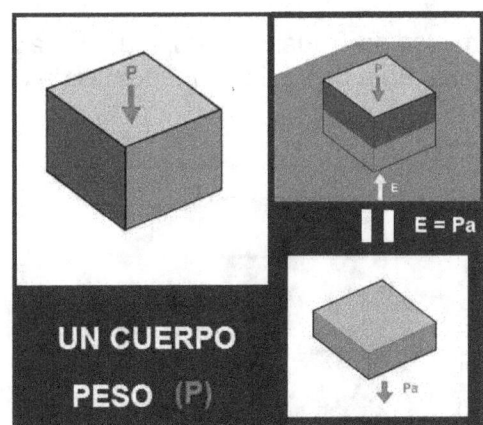

Fig. 16.- El peso será igual al empuje, quedando en equilibrio.

SITUACIONES DE LOS CUERPOS SÓLIDOS

Existen tres situaciones a considerar de los cuerpos sólidos.

A.- FLOTACIÓN
B.- FLOTACIÓN ENTRE DOS AGUAS
C.- HUNDIMIENTO

A.- FLOTACIÓN DE LOS CUERPOS SÓLIDOS

Cuerpo sólido con una densidad inferior a la del agua, hará que flote en el fluido con un hundimiento parcial de su volumen según su densidad.Fig.17

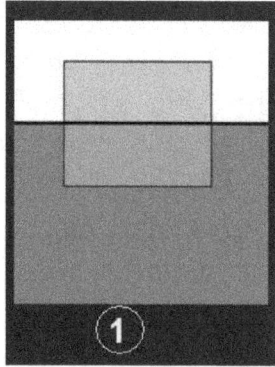

Fig.17.- Densidad inferior a la del agua

B.- FLOTACIÓN DE LOS CUERPOS SÓLIDOS ENTRE DOS AGUAS

Un cuerpo sólido cuya densidad sea igual a la del agua, hará que flote entre dos aguas situándose en el interior del agua a cualquier nivel dentro de esta.Fig.18

Fig.18.- Densidad igual a la del agua

El ejemplo más descriptivo es el de la gota de agua, En un recipiente lleno de agua, en el que:

A.- Echamos una gota de agua a un recipiente con agua.
B.- Esta se introduce en el recipiente y la representáramos por una esfera circular
C.- La gota flotará entre dos aguas en cualquier nivel de la misma, nivel 1, 2, 3, etc.
Fig.19

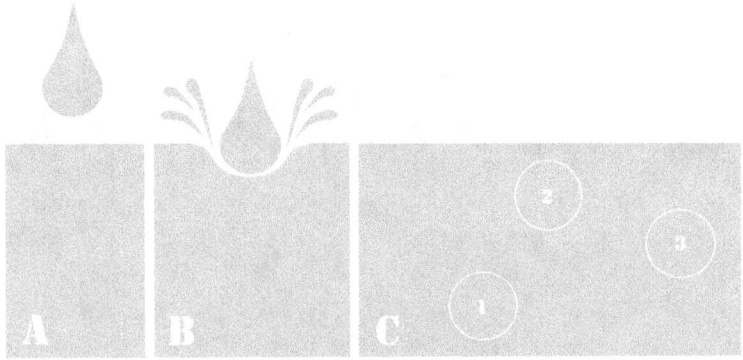

Fig.19.- Densidad igual a la del agua

C.-HUNDIMIENTO DE LOS CUERPOS SÓLIDOS

Un cuerpo sólido cuya densidad sea superior a la del agua, hará que se hunda al fondo del recipiente.Fig.20

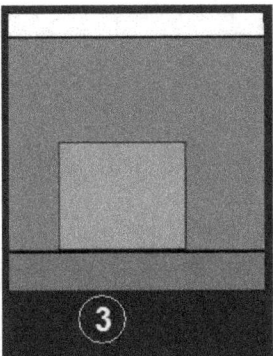

Fig.20.- Densidad superior a la del agua

2.- FLOTACIÓN EN LA SUPERFICIE - CUERPOS HUECOS SIMPLES

2.-FLOTACIÓN EN LA SUPERFICIE

CUERPOS HUECOS SIMPLES

Analizados los cuerpos sólidos en los que solo interviene la densidad del cuerpo, pasaremos a ver los cuerpos huecos, en los que intervienen como mínimo dos densidades, la del cuero sólido y la del hueco interior.

Consideraremos cuerpos formados con una densidad y cuyo interior existe un vacío.

En este grupo podríamos considerar como ejemplo una caja, cuyas paredes son metálicas con una densidad superior a la del agua y el volumen hueco de su interior con una densidad inferior a la del agua.

Esto nos crea un cuerpo formado por dos densidades, una superior a la del agua y otra inferior a la misma. Fig.21

Fig.21.-os densidades.

Si introducimos el cuerpo hueco en el agua, el agua desplazada corresponderá a la suma de los volúmenes, con densidad superior a la del agua y el volumen hueco con densidad inferior a la del agua.

Pongamos como ejemplo una caja metálica, el desplazamiento del agua sería:

A.- Introducción de la caja. Fig.22

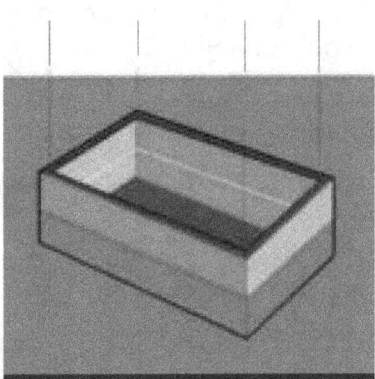

Fig.22.- Introducimos la caja en el agua.

B.-Volumen de agua desplazado por la caja metálica es el situado por debajo de la línea de flotación. Fig.23.

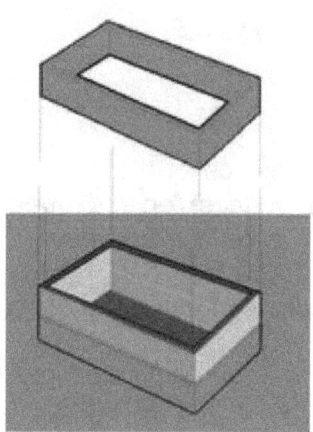

Fig.23.- Volumen de agua desplazada por la caja

C.-Volumen de agua desplazado por la zona hueca situada por debajo de la línea de flotación.Fig.24.

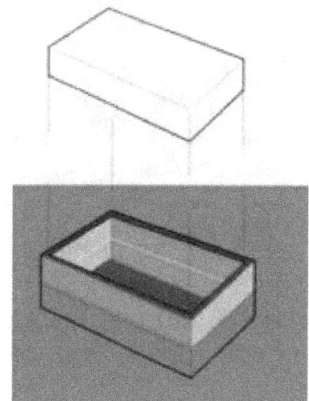

Fig.24.- Volumen hueco interior

El volumen total de agua desplazada, corresponderá a la suma de los dos volúmenes de agua desplazados indicados anteriormente, el de densidad superior a la del agua más el de densidad inferior a la del agua.Fig.25.

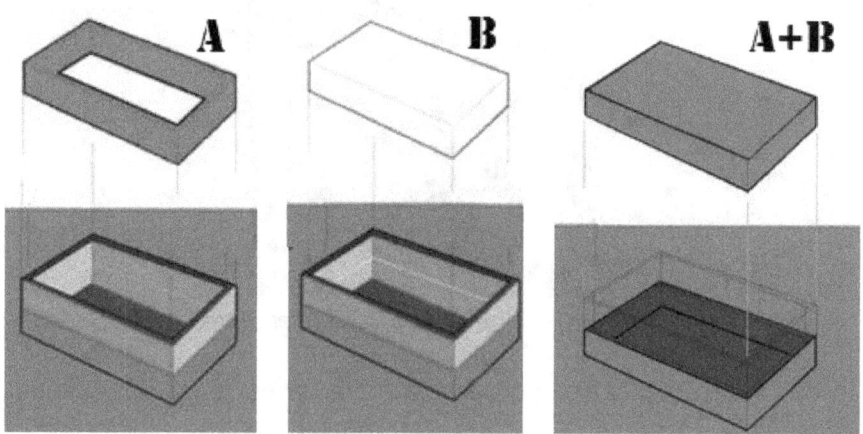

Fig.25.- (A) Volumen caja   (B).Volumen hueco interior   (C). Volumen desplazado A+B

Para que este objeto (**caja**), compuesto por dos densidades distintas pueda flotar sobre el agua. El peso total de la caja **Pt** dividido por el volumen sumergido **Vs**, nos dará la densidad **Dvs** del volumen sumergido, esta densidad, tiene que ser igual a la del agua **Da** para que exista flotación.

Datos:
Pt= Peso total de la caja
Vs= Volumen sumergido
Dvs = Densidad del volumen sumergido
Da= Densidad del agua

$$Dvs = \frac{Pt}{Vs} \qquad Dvs = Da$$

Dvs = Da

Esto es aplicable para los cuerpos más complejos, cuyo volumen sumergido contiene varios elementos macizos con distintas densidades, los existentes en las embarcaciones, las que analizaremos a continuación, para establecer el cálculo de la insumergibilidad de las mismas.

3.-FLOTACIÓN EN LA SUPERFICIE – EMBARCACIONES.

3.- FLOTACIÓN EN LA SUPERFICIE

EMBARCACIONES.

Analizaremos una embarcación a vela, por considerar que ofrece más dificultad, en la compensación de los volúmenes para la obtención de la insumergibilidad, debido al gran volumen sumergido en el agua que representa la orza (lastre), por ser un peso de plomo importante.Fig.26

Fig.26.-Flotación de las embarcaciones.

Recordamos de nuevo el principio de Arquímedes y lo haremos secuencialmente sobre una embarcación.

Todo cuerpo sumergido en un fluido, experimenta un empuje vertical hacia arriba equivalente al peso del volumen del fluido desplazado.

Veamos qué es lo que provoca el empuje vertical hacia arriba. **E**.Fig.27.

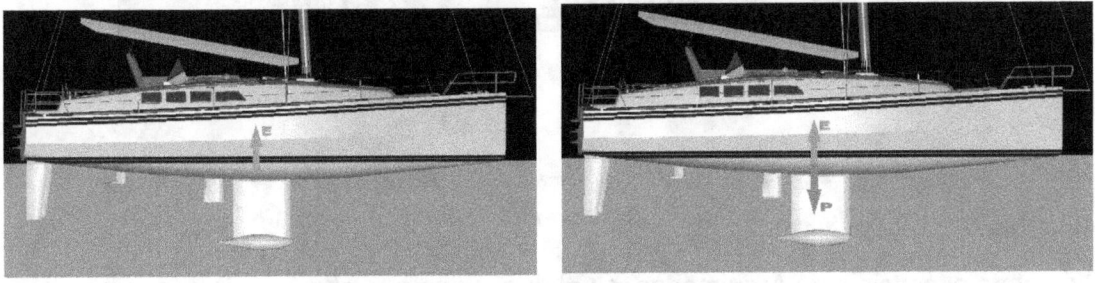

Fig.27.-Empuje E., peso total del barco P

El peso total de la embarcación repercute todo sobre el volumen de la embarcación sumergida, reflejamos los volúmenes sumergidos que forman la obra viva, prescindiendo de la obra muerta que corresponde, a la parte superior de la misma. Fig.28

Fig.28.-Obra viva de la embarcación

Imaginemos que extraemos el volumen sumergido **Vs** y que queda en el mar un hueco equivalente al volumen de la embarcación sumergida **Vh**.Fig.29.

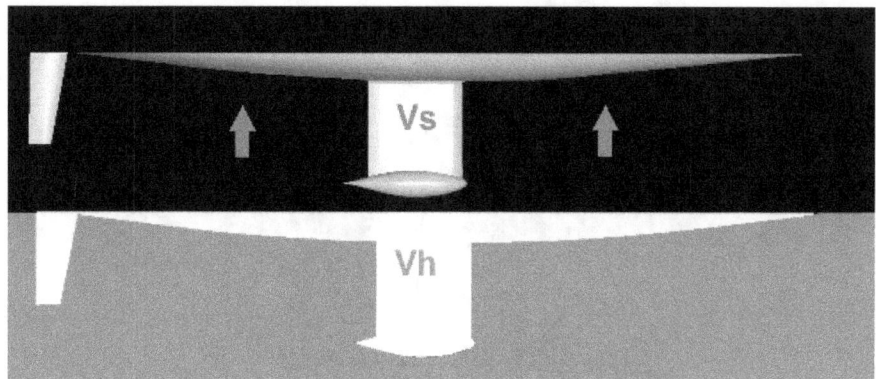

Fig.29.-Volumen sumergido Vs y volumen hueco Vh

El volumen sumergido desplazaba un volumen de agua **Va**, que corresponde al volumen del hueco **Vh**, que hemos indicado anteriormente, ambos son iguales tal como queda reflejado en la figura Fig.30.

Va=Vh

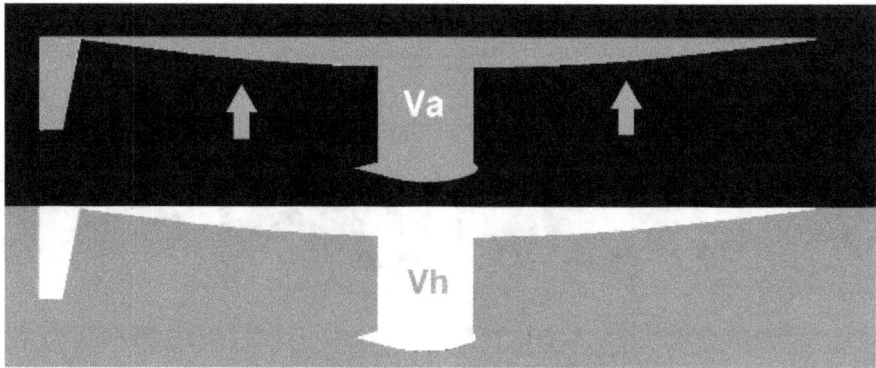

Fig.30.-Volumen sumergido Va y volumen hueco Vh

Siguiendo el principio de Arquímedes, en el que indica que al sumergir un cuerpo en el agua experimenta un empuje **E** igual al peso del agua desplazada **Pa**.Fig.31

E= Pa

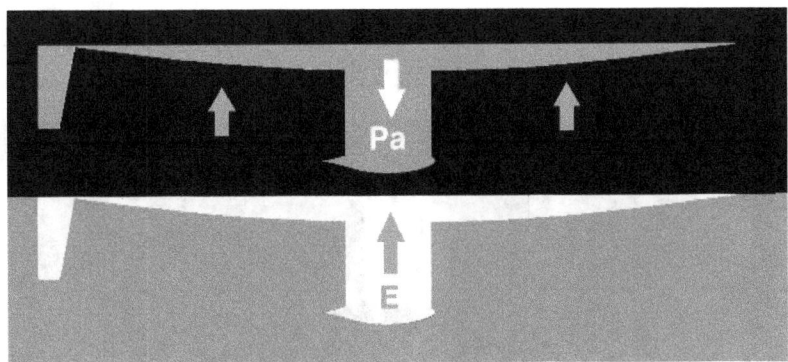

Fig.31.-Empuje (E), igual al peso del agua (Pa)

Visto todo lo anterior podemos concluir, diciendo que el peso de agua desplazada **Pa** y el empuje **E**, soniguales y que el peso total de la embarcación **P** y el empuje **E** también son iguales Fig.32-33.

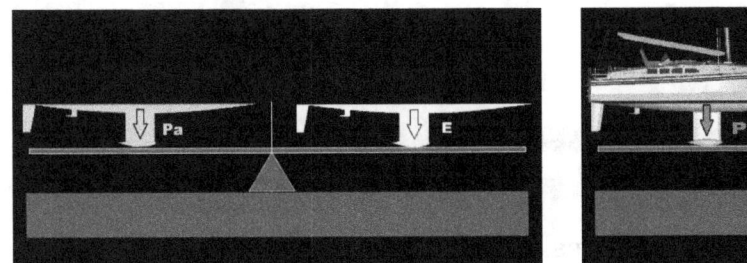 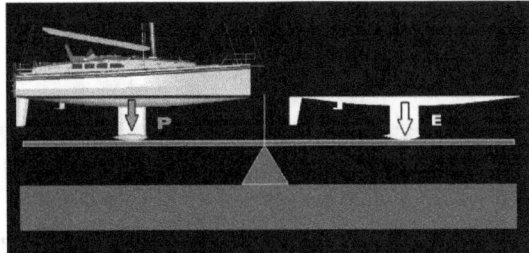

Fig.32.- Peso agua y empuje, Pa=E...........................Fig.33.-Peso total embarcación y empuje P=E

Si el peso del agua desplazada es igual al empuje y el empuje es igual al peso de la embarcación, tendremos que el peso total de la embarcación es igual al peso del agua desplazada, Fig.34

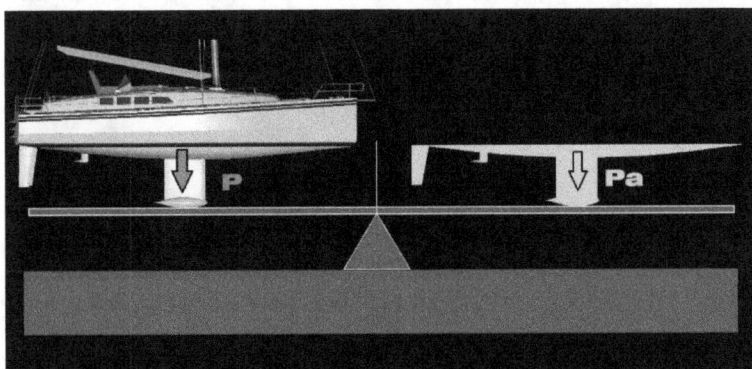

Fig.34.-Peso embarcación y peso del agua desplazada P=Pa

Resumiremos indicando que los volúmenes de la parte sumergida de la embarcación, volumen del agua desplazada y el volumen del hueco que imaginamos quedaría si retiráramos el volumen sumergido, estos serían iguales.Fig.35

Datos:
Vs= Volumen sumergido embarcación
Va=Volumen de agua desplazada
Vh=Volumen hueco

$$Vs=Va=Vh$$

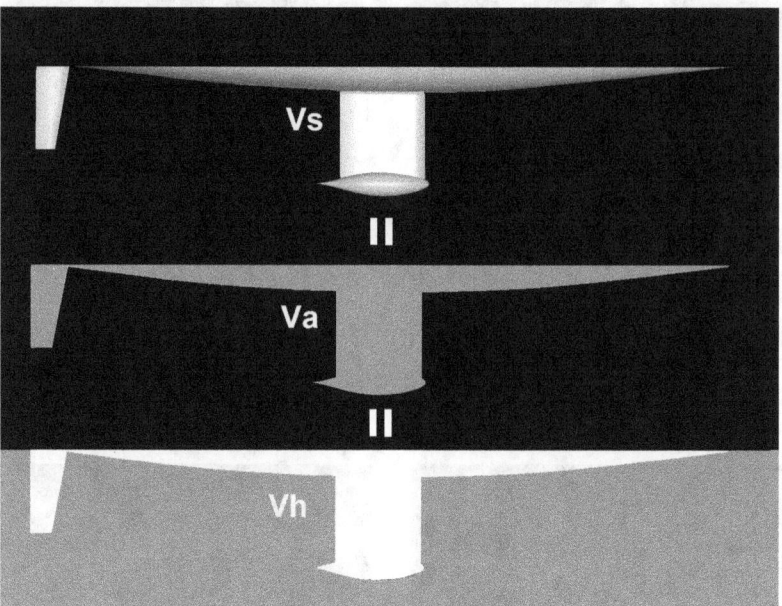

Fig.35.-Igualdad de los volúmenes.

De la misma forma tendremos que los pesos, correspondientes al peso total de la embarcación, el peso del agua desplazada y el empuje, también son iguales.

$$Pt=Pa=E$$

Si los volúmenes y los pesos son iguales, podemos decir que una embarcación flotará si tiene su volumen sumergido la misma densidad que la del agua, es decir del resultado de dividir el peso total de la embarcación **Pt** por el volumen sumergido **Vs**.Fig.36.

Datos:
Pt= Peso total de la embarcación.
Vs= Volumen sumergido.
Da= Densidad del agua

Ejemplo:
Cuál sería el volumen necesario para obtener la misma densidad que la del agua
Pt = 10.000 kg.
Da= 1.025 kg/m3

$$Vs = Pt / Da$$
$$Vs = 10.000 / 1.025 = 9{,}756 \ m3$$

$$\underline{Vs=9{,}756 \ m3}$$

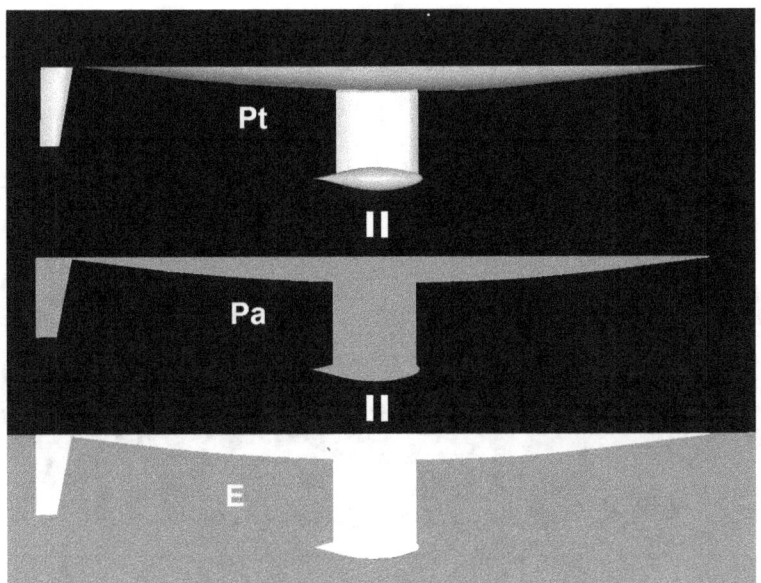

Fig.36.- Igualdad de pesos y empuje

Por lógica de todo lo expuesto anteriormente, para que exista un equilibrio entre el peso total de la embarcación y el empuje, para que sean iguales y exista una flotación, el peso del volumen de agua desplazado, tiene que ser substituido por un volumen sumergido de la embarcación cuyo peso sea igual al del agua desplazada, para que al tener la misma densidad no se hunda y quede en equilibrio.

El resultado nos indica el volumen necesario sumergido, para que tenga la misma densidad que la del agua y pueda flotar la embarcación, lo conseguiremos para que se cree un empuje **E** que sea igual al **P** peso total de la embarcación.

Igualación de las densidades

Datos:
Ds= Densidad sumergida – Repercusión del peso total sobre el volumen sumergido
Da=Densidad del agua
Vs=Volumen sumergido

Ejemplo:
Buscamos la densidad sumergida (Ds), Repercusión del peso total sobre el volumen sumergido de la embarcación indicada anteriormente

DATOS:
Vs= 9,756 m3
Da=1.025 Kg/m3
Ds=?

Densidad sumergida = Peso total embarcación / Volumen sumergido
Ds = Pt / Vs
Ds = 10.000 kg / 9,756 m3
Ds = 1.025 kg/m3

Densidad del agua igual a la densidad del volumen sumergido.
Da= 1.025 kg/m3
Ds= 1.025 kg/m3

Para que exista una flotabilidad de la embarcación la densidad del volumen sumergido como resultado del peso total de la embarcación dividido por dicho volumen, tiene que ser igual a la densidad del agua. Fig.37

$$Ds = Da$$

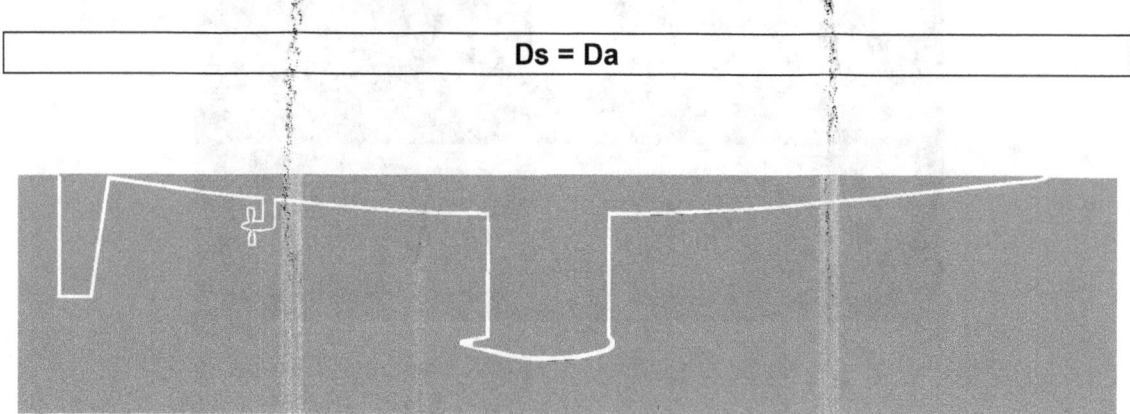

Fig.37.-Volumen sumergido

4.-FLOTACIÓN ENTRE DOS AGUAS –
EMBARCACIONES.SUBMARINAS

4.-FLOTACIÓN ENTRE DOS AGUAS

EMBARCACIONES SUBMARINAS

Para analizar el comportamiento de una embarcación que este situada en el interior de del agua, podríamos resumirlo como la gota de agua que penetra en está, considerando que dicha gota tuviera una forma esférica con la misma densidad, una vez dentro podría estar situada en cualquier nivel.

De nuevo esto nos da a entender que para que cualquier cuerpo que este flotando en el interior del agua, deberá tener la misma densidad que esta.

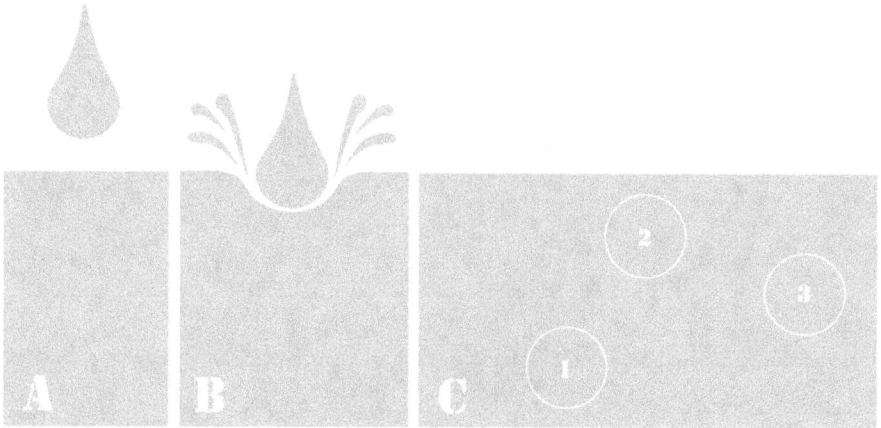

Fig.38.-Misma densidad.

Lo expuesto anteriormente lo podemos reflejar con un pez, este permanecerá en flotación entre dos aguas, por tener la misma densidad. Fig.39.

DATOS:
Dp= Densidad pez
Da= Densidad del agua de mar

Da= Dp

Fig.39.-Fotación entre dos aguas

Un pez tiene un volumen **Vp**, que desplaza un volumen de agua **Va** igual al volumen del pez, el peso total de este dividido por el volumen total del mismo **Vp**, nos daría una densidad igual a la del agua para poder flotar entre dos aguas. Fig.40

DATOS:
Dp= Densidad unitaria pez

Da= Densidad del agua de mar
Vp= Volumen pez
Vh= Volumen hueco
Pp= Peso pez
Pa= Peso agua

Densidad del pez **Dp** = Peso total del pez **Pp** dividido por el volumen total del pez **Vp**

$$Dp = \frac{Pp}{Vp}$$

$$Dp = Da$$

Si la densidad del agua de mar es: **Da= 1.025** kg/m3

El Volumen que necesitará el pez, con un peso de **2** kg, para flotar entre dos aguas sería:

$$Dp = Da = 1.025 \text{ kg/m3}$$

$$Vp = \frac{Pp}{Da}$$

$$Vp = \frac{2 \text{ kg}}{1025 kg/m3} = 0{,}0019 \text{ m3}$$

Volumen necesario = **0,0019 m3**

Fig.40.-Peso del pez (Pp); Volumen (Vp); Volumen de agua desplazada (Va)

Tenemos tres posibilidades de flotación:

A.-Si el la densidad del pez fuera inferior a la del agua el pez flotaría en la superficie.
B.-Si la densidad del pez es igual a la del agua el pez flotará entre dos aguas.
C.-Si la densidad del pez es superior a la del agua, el pez se hundirá. Fig.41

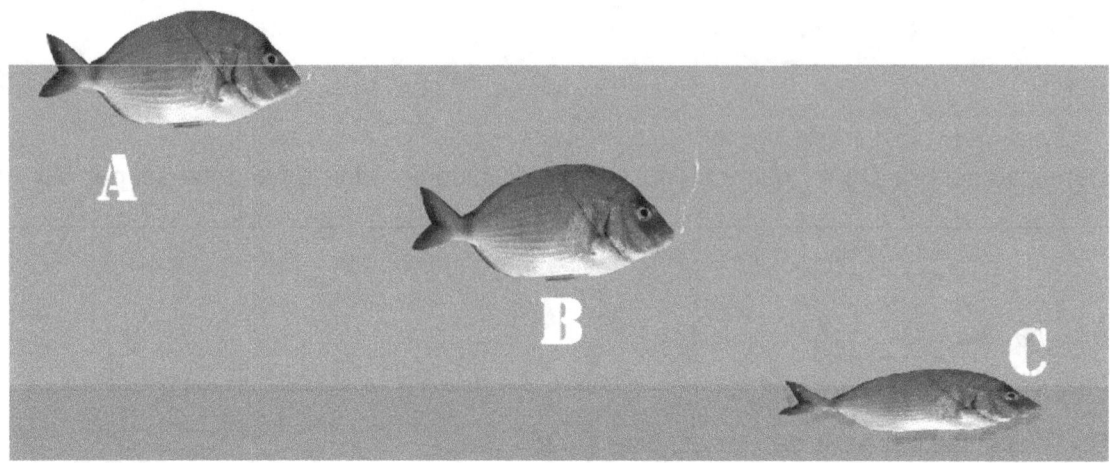

Fig.41.-(A)-Flotación en superficie. (B)-Flotación entre dos aguas. (C)-Hundimiento.

EMBARCACIONES SUBMARINAS

En las embarcaciones submarinas más conocidas, son los submarinos que como ejemplo los analizaremos, para ver básicamente su comportamiento

Un submarino esencialmente está compuesto por una especie de cilindro, en el que existen unos compartimentos estancos vacíos que le dan la flotación y los cuales se inundan para conseguir el hundimiento necesario para la navegación submarina. Fig.42

Fig.42.-Flotación submarina

Si seccionamos longitudinalmente podríamos considerar un diseño esquemático de sus partes, que nos permitirá considerar los desplazamientos de los volúmenes de agua parciales y totales.

Consideremos un submarino como ejemplo, que desplace en inmersión **2.400** t y en superficie **2.200** t. Fig.43

Fig.43.-Flotación submarina

Vemos en la figura la vista lateral del submarino propuesto, en la que observamos un gran volumen, en este volumen solo consideraremos los volúmenes de los gruesos de las piezas macizas y los volúmenes huecos no inundables que forman los compartimentos interiores de: Habitaciones, auxiliares, instalaciones, AIP, armas, mando y control, baterías y propulsión.

En todos estos volúmenes añadiremos un volumen nuevo en la zona inferior, para la colocación de un lastre, este volumen no existe en los submarinos, pero considero importante tenerlo en cuenta si diseñamos una embarcación submarina **IRF**, cuyo objeto sería el añadir o quitar peso, para conseguir que recupere la flotabilidad y poder regular las diferencias que puedan existir entre los pesos y los volúmenes de flotación, como explicaré, en el apartado de los principios las embarcaciones insumergibles con recuperación de la flotabilidad –**IRF**.Fig.44-45

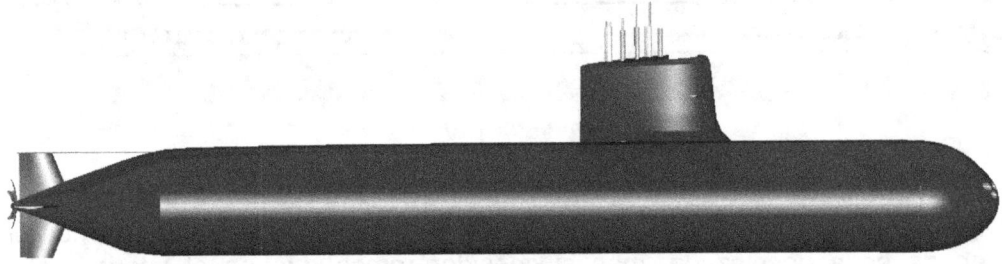

Fig.44.-Volúmenes exteriores

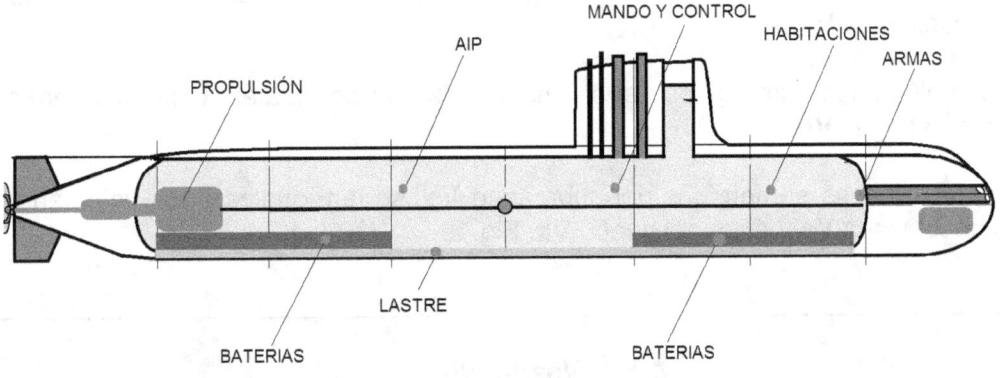

Fig.45.-Volúmenes interiores

En el ejemplo vemos el submarino emergido, flotando en la superficie, con el comportamiento de una embarcación. En la zona de proa y popa, vemos unas zonas separadas del volumen central, estas son las que se inundaran para conseguir quitar flotabilidad y de esta manera sumergirse y poder navegar sumergidos. Fig.46

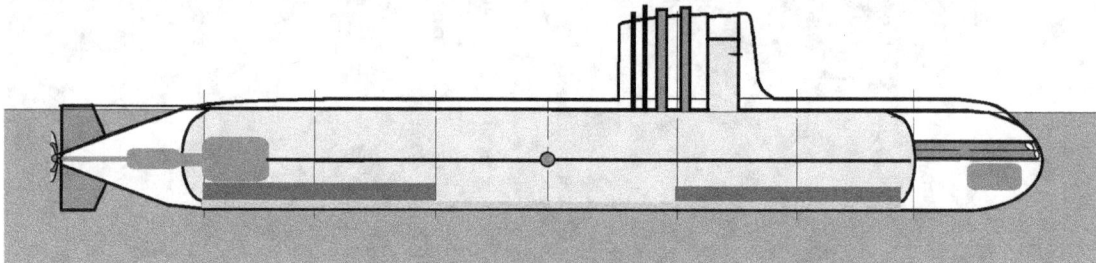

Fig.46.-(A)-Flotación submarina

En la figura podemos apreciar los volúmenes de proa y popa inundados y el submarino sumergido.

Para conseguir que el submarino sumergido flote entre dos aguas, tal como hemos indicado anteriormente y pueda situarse en cualquier nivel sumergido, sin utilización de ningún elemento de propulsión, es decir totalmente parado, tendremos que conseguir que la densidad del volumen total sumergido tenga la misma densidad que la del agua.
Fig.47

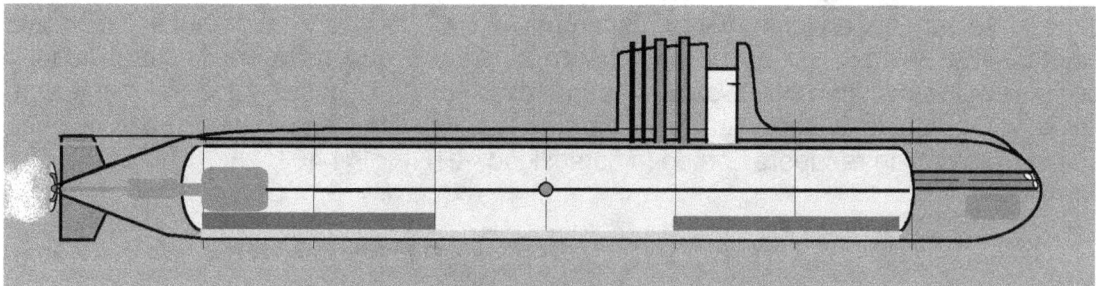

Fig.47.-Volumenes sumergidos

Si imagináramos que extraemos el submarino del agua y hacemos lo mismo con el volumen de agua desplazada, más si consideráramos que en el interior del mar quedara un volumen hueco, tendríamos lo siguiente:

1.- Los volúmenes sumergidos del submarino **Vs**, serían iguales a los volúmenes de agua desplazada **Va**

2.- Los volúmenes sumergidos del submarino **Vs**, serían iguales a los volúmenes del hueco en el agua **Vh**.

3.- Los volúmenes sumergidos del submarino **Vs**, serían iguales a los volúmenes de agua desplazada **Va** y a los del hueco **Vh**. Fig.48

$$Vs=Va=Vh$$

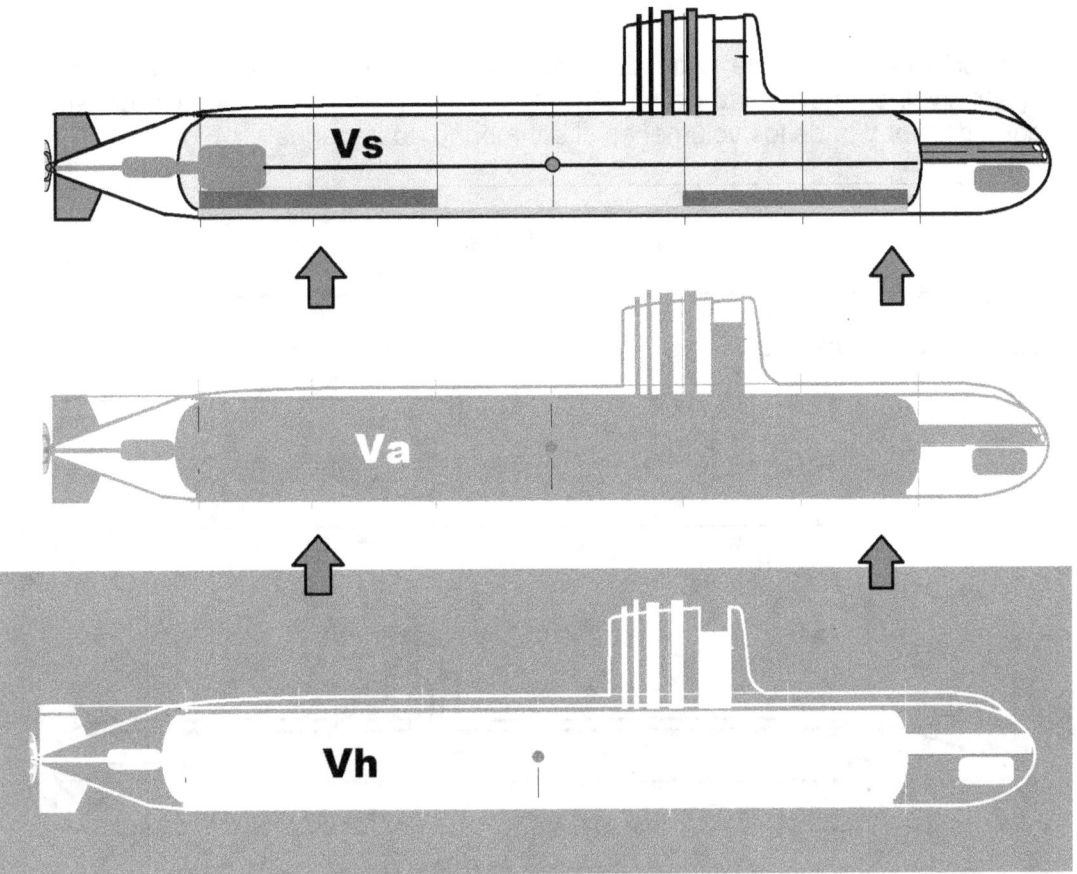

Fig.48.-(Vs)Volúmenes submarino. (Va)Volúmenes agua desplazada. (Vh)Volúmenes huecos.

El volumen de agua desplazada, lo tenemos que substituir por un volumen del submarino que tenga la misma densidad que la del agua que ocupaba los volúmenes de este, para que pueda flotar entre dos aguas.

Para obtener el volumen sumergido **Vs** necesario, dividiremos el peso total del submarino sumergido **Ps** por la densidad del agua **Da**

Datos:
Vs= Volumen submarino –m3
Va=Volumen agua desplazada –m3
Vh=Volumen hueco –m3

Ps=Peso total submarino –t.
Pa=Peso total agua desplazada –t.

Da=Densidad del agua – t/m3
Ds=Densidad submarino – t/m3

$$Vs = \frac{Ps}{Da}$$

Datos ejemplo:
Vs= Volumen submarino –m3

Ps=Peso total submarino =2.400 t.
Da=Densidad del agua – 1,025 t/m3

La condición para que flote entre dos aguas el submarino, para que pueda estar a cualquier nivel, sin necesidad de ningún tipo de propulsión sería, que las densidades del agua de mar y la de los volúmenes dl submarino, fueran iguales. Fig.49

$$Da=Ds=1{,}025 \text{ t/m3}$$

El volumen necesario será:

$$Vs = \frac{Ps}{Da} \; ; Vs = \frac{2400 \text{ t.}}{1{,}025 \text{ t/m3}} = 2.341{,}46 \; m3$$

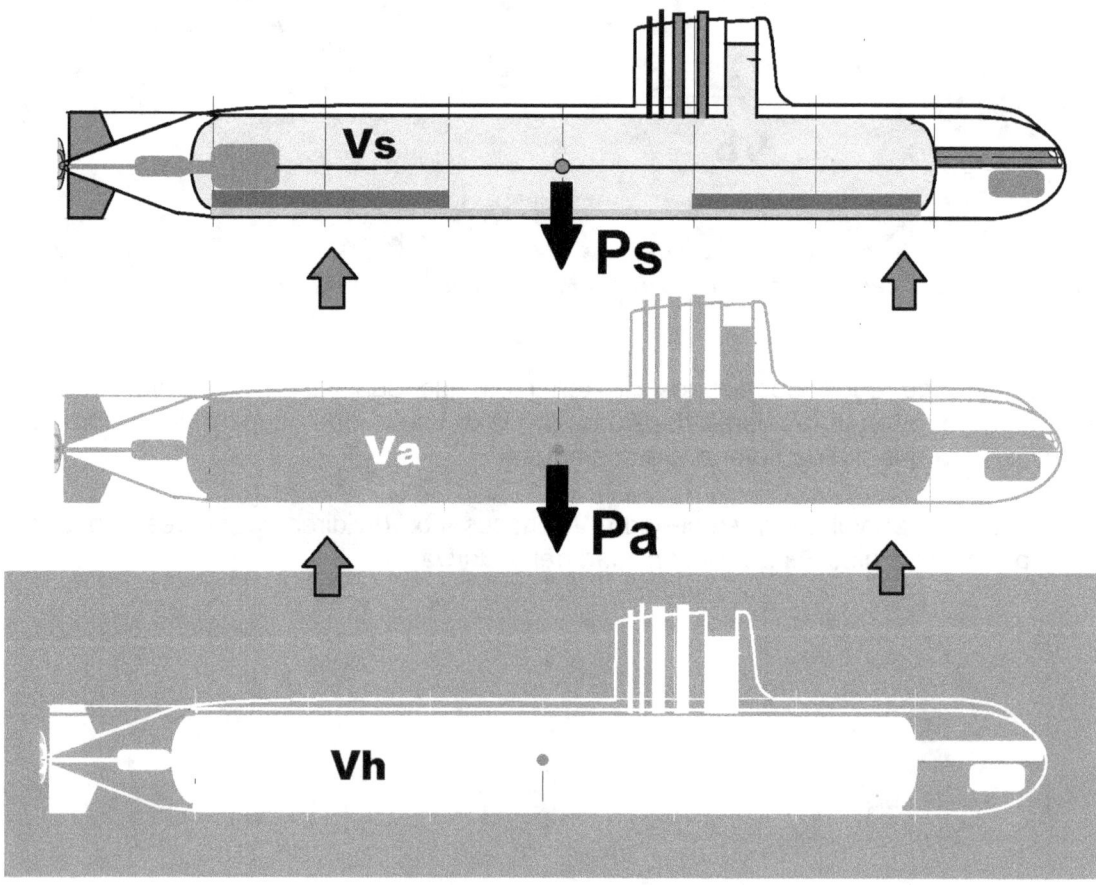

Fig.49.-(Ps) Peso total submarino. (Pa) Peso agua desplazada

5.- HUNDIMIENTOS
CUERPOS HUECOS SIMPLES

5.- HUNDIMIENTOS

CUERPO HUECO SIMPLE

Cuando el objeto (**caja**) se desestabiliza el volumen interior, se produce el hundimiento. Supongamos que la caja que utilizamos como ejemplo, recibe un impacto en su parte sumergida, este impacto produce una perforación con la consiguiente entrada de agua al interior de la misma.
Fig.50

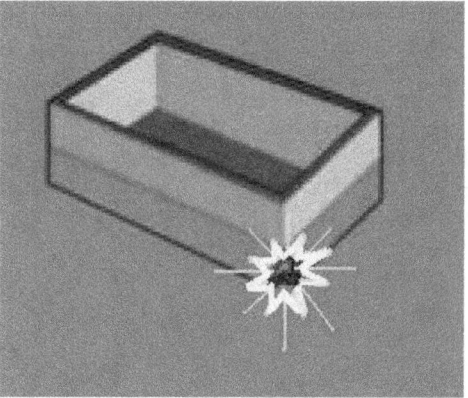
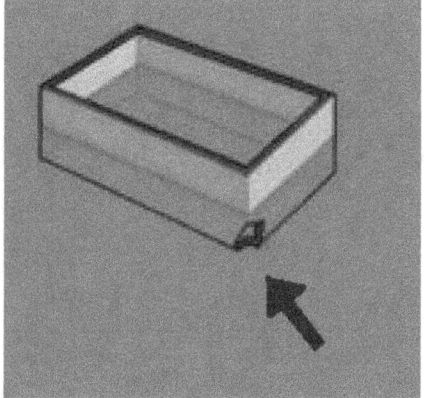

Fig.50.- Impacto y perforación caja.

La ocupación del volumen sumergido interior por el agua, anula el volumen con baja densidad interior, que junto con el peso de la caja de densidad superior a la del agua, conseguíamos una densidad igual a la del agua, que le permitía la flotabilidad del objeto.

Al desaparecer el volumen de baja densidad, la parte hueca, queda solo el volumen metálico de la caja con densidad superior a la del agua, produciendo el hundimiento de la caja. Fig.51

Fig.51.- Hundimiento total de la caja.

6.-HUNDIMIENTOS
EMBARCACIONES

6.- HUNDIMIENTOS

EMBARCACIONES

Uno de los hundimientos más comentados, fue el que sucedió al trasatlántico de pasajeros TITANIC el 14-15 de Abril del año 1.912.

Embarcación que su diseñador Thomas Andrews la consideró como una embarcación insumergible, siendo en su época uno de los buques más grandes, rápidos y avanzados tecnológicamente.

El TITANIC tenía una eslora de 269 m, y una manga de 28 m, desplazaba 53.310 t.

Construido por los Astilleros Harland and Wolf en Belfast, Reino Unido.

El Titánic estaba construido con separaciones en las bodegas, para evitar que en caso de inundación, se llenara totalmente la obra viva de agua y que esto produjera el hundimiento.

Por este tipo de construcción en la que las separaciones en las bodegas eran estancas unas de las otras, hacían que la inundación en una de ellas no pasara a la siguiente, controlando de esta manera la inundación, este era el motivo por el cual se hacía considerar la embarcación como insumergible.

En su viaje inaugural entre Southampton y Nueva York, chocó contra un iceberg en el océano Atlántico frente las costas de terranova. El choque se produjo a las 23 horas 40' del día 14 de Abril, que provoco el hundimiento.

En la fecha indicada en la que se produjo el hundimiento, fue motivado por la colisión lateral con un iceberg, que le desgarro cinco compartimentos de la banda de estribor por debajo de la línea de flotación, haciendo que se produjera a la vez cinco vías de agua que inundaron los compartimentos estancos de la proa. Fig.52

Fig.52.- Colisión del Titánic con un iceberg.

Una alerta a destiempo, con un viraje rápido para evadir la colisión, hizo que se produjera dicho desgarro lateral en el casco de forma longitudinal, afectando a cinco compartimentos.

Con la proa inundada hizo que esta se hundiera, produciéndose un paso del agua por encima de los mamparos, zona superior que no se había dejado estanca, esto precipito el hundimiento del resto de compartimientos.Fig.53

Fig.53.- Desgarro lateral del casco.

El hundimiento de la proa hizo que se levantara considerablemente la popa, haciendo que la embarcación tuviera un comportamiento como una gran ménsula, Esta posición hizo que la cubierta no pudiera soportar los esfuerzos de tracción, produciendo la ruptura de la embarcación, dividiéndola en dos partes.Fig.54

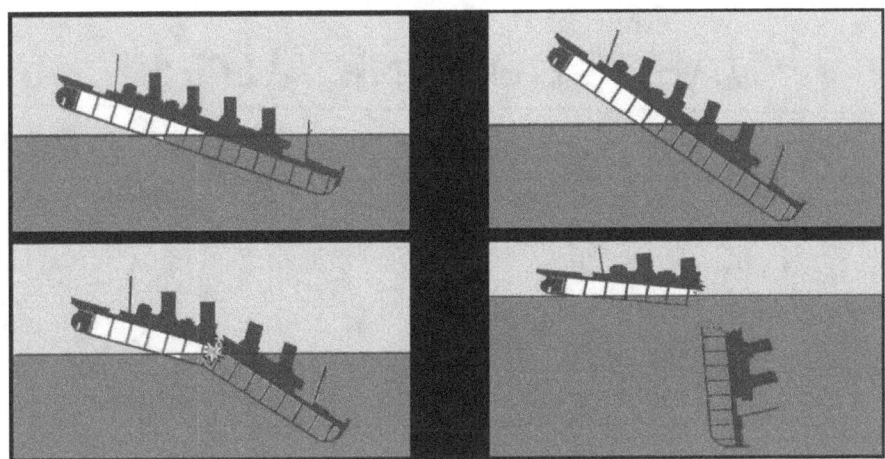

Fig.54.- Secuencias del hundimiento.

Tal como se ha comentado anteriormente, la pérdida del volumen hueco del interior de la embarcación, por inundación, volumen necesario para la flotabilidad, deja los elementos sólidos más importantes, cuyas densidades son superiores a las del agua, que producen el hundimiento total de la embarcación.

7.- RECUPERACIÓN DE LA FLOTABILIDAD

VASOS COMUNICANTES

VASOS COMUNICANTES

APLICACIÓN DE LOS VASOS COMUNICANTES

Una vez conseguida la insumergibilidad de la embarcación, mediante la compensación de volúmenes y pesos, introduciendo en el interior de la embarcación espuma para la protección de los volúmenes huecos, que evite la penetración del agua y garanticen la flotabilidad.

Pasaremos a desarrollar y aplicar un elemento que le llamaremos **IRF**, que permita la conexión del interior con el exterior de la embarcación, estableciendo unos vasos comunicantes entre el agua que pudiera haber en el interior y el exterior, situándolo este en la parte más baja de la obra viva del casco, con objeto que permita expulsar toda el agua interior, de forma natural sin ningún mecanismo de expulsión como las bombas de achique. El efecto sería similar al vaciado de una bañera llena de agua.

El sistema que desarrollaremos que denominamos **IRF**, **I**nsumergibles con **R**ecuperación de la **F**lotabilidad, nos permitirá ver las opciones y aplicaciones en las embarcaciones.

Pasemos a ver el fundamento de los vasos comunicantes.

Si disponemos de dos recipientes **A** y **B** circulares de igual diámetro, distinta altura y volumen llenos de agua y los conectamos por la parte inferior uno con otro, observaremos que los niveles de agua que estaban a distinta altura se igualan, quedando ambos al mismo nivel.

Disponemos de dos recipientes **A** y **B**, circulares, y niveles distintos de agua a una altura **H**.

Si disponemos de dos recipientes, **A** y **B** circulares de igual diámetro, cuyos volúmenes están llenos de agua a distinta altura **H**, la diferencia de altura se igualará cuando los unamos mediante un tubo por la parte inferior. Fig.55

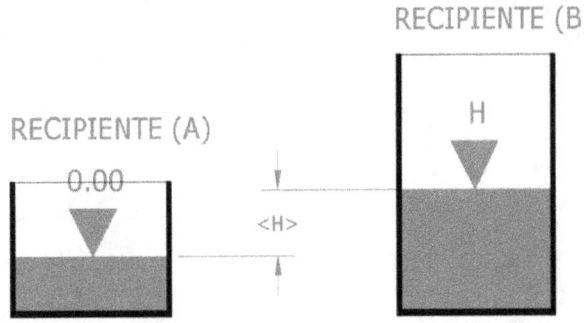

Fig.55.- Recipientes llenos de agua y con distinta altura.

Conectamos ambos recipientes por la parte inferior mediante un tubo, esto hace que el peso del agua del recipiente **B**, situada a un nivel superior y a una distancia **H** del agua del recipiente **A**, la empuje, hasta conseguir que se igualen ambos pesos del agua de los recipientes. Fig.56

PRINCIPIOS N°01
PRINCIPIOS DE INSUMERGIBILIDAD IRF

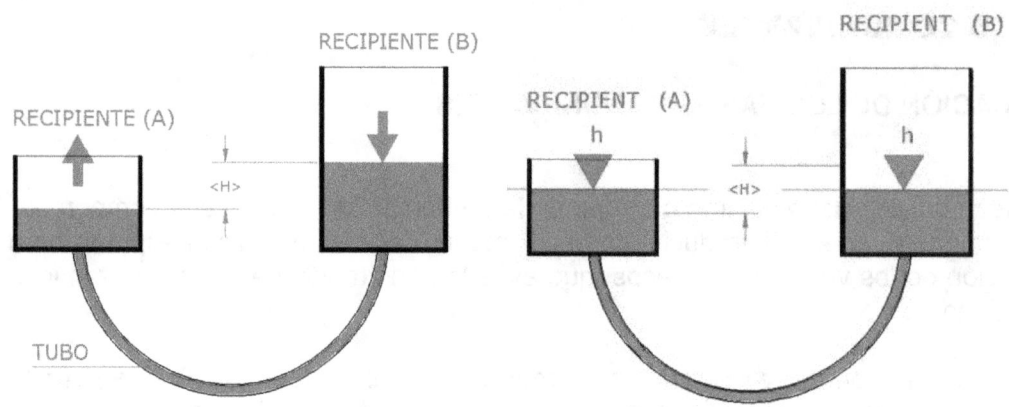

Fig.56.- Conexión recipientes A y B. Agua nivelada en A y B

VASOS COMUNICANTES EN RECIPIENTES DISTINTOS

CUERPOS HUECO CON AGUA EN RECIPIENTES

Disponemos de un recipiente con una perforación taponada en la base del recipiente **B**, lleno de agua y un recipiente **A**, más grande situado en la parte inferior del **B**. Para ver la reacción procedemos de la siguiente manera:

1.- Colocamos 2 recipientes llenos de agua **A** y **B**.

2.- El recipiente **B** tiene una perforación en la parte inferior, tapada por un tapón. Fig.57

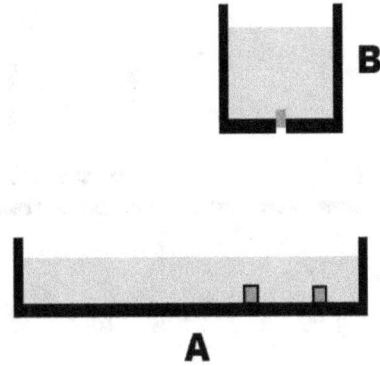

Fig.57.- Dos recipientes llenos de agua A y B.

3.- Colocamos el recipiente **B** lleno de agua, en el recipiente **A**.

4.- El recipiente **B** tiene una perforación en la parte inferior, tapada con un tapón Fig.58

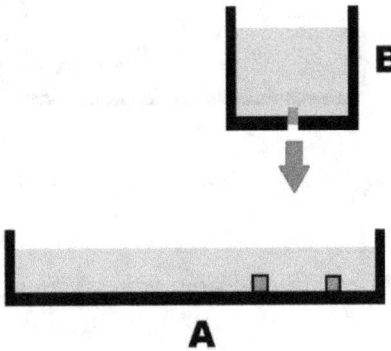

Fig.58.- Introducimos el A en B.

5.- El recipiente **B** lleno de agua, tiene un nivel más alto que el nivel del agua el recipiente **A**. Fig.59

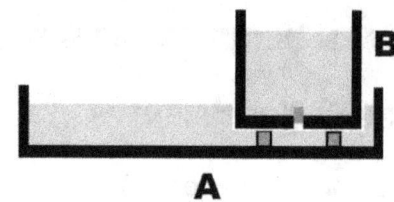

Fig.59.- Niveles con alturas distintas.

6.- El recipiente **B** lleno de agua, tiene un nivel más alto **h** que el nivel del agua del recipiente **A**.

7.- Extraemos el tapón del recipiente **B**. Fig.60

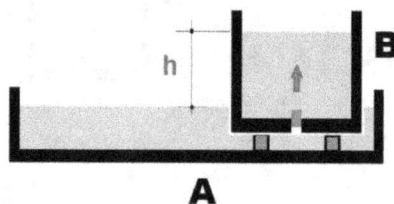

Fig.60.- Extraemos el tapón de B.

8.- El recipiente **B** con el recipiente **A** se establece una conexión de ambos recipientes, creando unos vasos comunicantes.

9.- Establecida la conexión de los dos recipientes, el agua cae por su peso a través de la conexión inferior del recipiente **B**.Fig.61

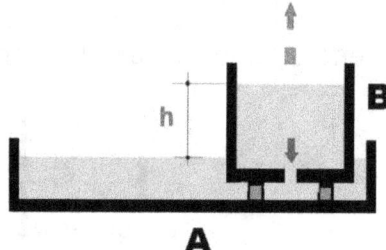

Fig.61.-La altura h se va reduciendo.

10.- El agua del recipiente **B** con la del recipiente **A**, quedan al mismo nivel.Fig.62

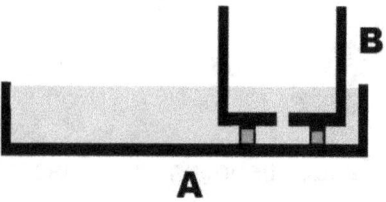

Fig.62.- Los niveles A y B quedan nivelados.

VOLUMENES SIMPLES

VOLÚMENES EN EL MAR

Existen dos conceptos básicos que tendremos que desarrollar en el diseño de una embarcación insumergible **IRF**, y que recupere el nivel de la flotabilidad, en el supuesto caso de que se produjera una inundación del interior, estos serían:

1.- Hacerla insumergible

2.- Recuperación de la flotabilidad

Dispongamos de un recipiente que tiene un peso y lo colocamos en el agua, el cual produce un desplazamiento de esta **V2**, por el principio de Arquímedes anteriormente mencionado. Fig.63

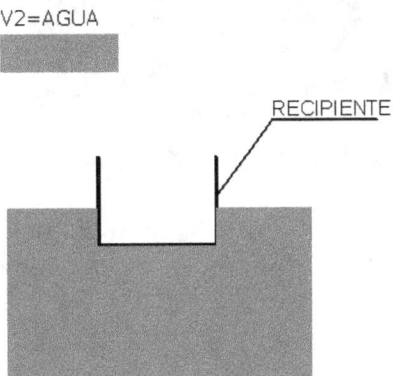

Fig.63.- Desplazamiento (V2)

1.-Para hacerla insumergible, lo conseguiremos colocando un volumen en el interior de la embarcación completamente estanco o bien rellenándolo este de un producto de baja densidad, equivalente al volumen del líquido desplazado **V1 = V2**, con lo que conseguiremos el equilibrio de la fuerza del Peso de la embarcación con el Empuje, Fig.64

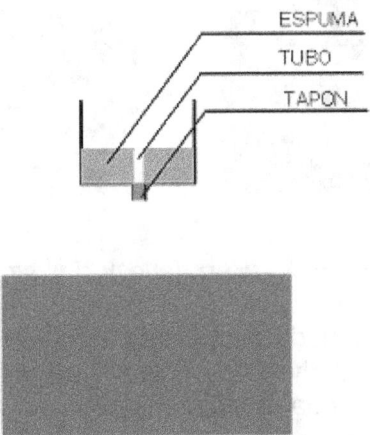

Fig.64.- Relleno de un producto de baja densidad,

2.-La recuperación de la flotabilidad la conseguiremos situando al volumen equivalente al agua desplazada, colocándolo en la parte inferior de la embarcación, ocupándolo este en su totalidad, por un material de baja densidad, que sea completamente estanco.

Una vez situado el volumen estanco, colocamos un tubo que se conecte con el mar, tapado con un tapón. Fig.65

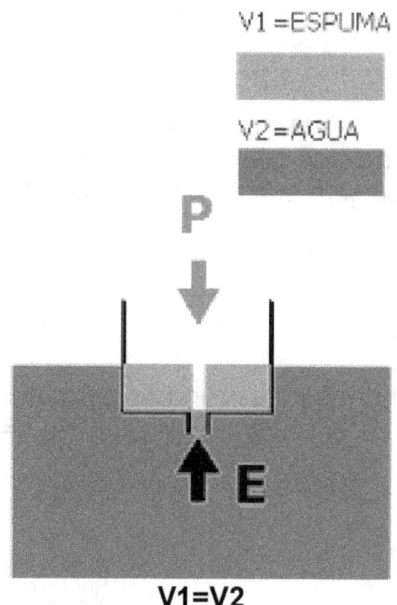

Fig.65.- Recuperación de la flotabilidad

Seguidamente rellenamos el recipiente con agua, que por estar a un nivel superior del nivel **0,00**, presionará hacia abajo con el peso del agua **Pa**, ya que el peso del recipiente **P** y el empuje **E**, están equilibrados, **P = E = 0**. Fig.66.

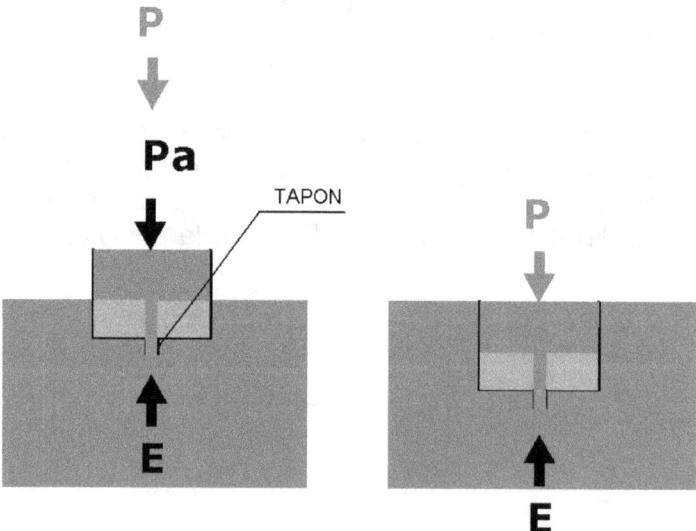

Fig.66.- Pa, presiona hacia abajo

El peso de la embarcación **P** queda equilibrado con el empuje **E** correspondiente, que hará hundir el recipiente hasta nivelarlo al nivel **0,00**, al conectarse en nivel superior del agua del recipiente con el agua exterior. Fig.67

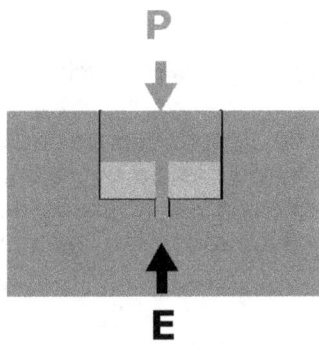

Fig.67.- Peso de la embarcación (P)

Una vez se ha producido el hundimiento, sacamos el tapón inferior y podremos observar que por los vasos comunicantes, el agua va saliendo por el orificio, hasta nivelar el exterior con el nivel de la espuma interior con el agua exterior. Fig.68.

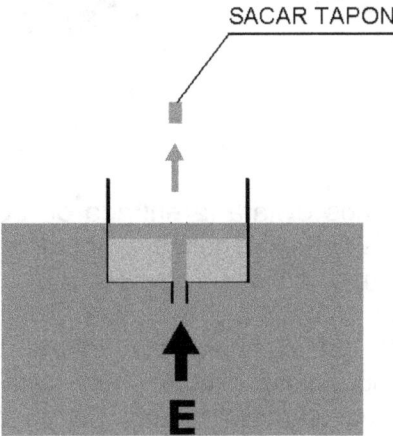

Fig.68.-Sacamos el tapón

El agua que teníamos en el interior, ha desaparecido quedando totalmente seco el interior. Si no hubiera habido la espuma en su interior, el recipiente hubiera perdido el volumen de flotabilidad y por lo tanto se hubiera hundido. Este proceso el recipiente es **I**nsumergible y **R**ecupera la **F**lotabilidad, cuya abreviación serían las tres siglas **IRF** Fig.69.

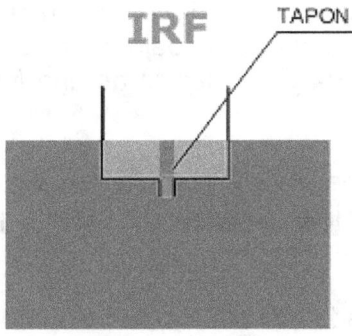

Fig.69.- Insumergible con recuperación de la flotabilidad IRF

APLICACIÓN EN UNA EMBARCACIÓN – IRF -

La aplicación en un volumen simple, lo podemos trasladar a volúmenes más complejos como el de las embarcaciones, introduciendo un volumen de espuma equivalente al volumen de agua desplazada, que incluye el casco de la embarcación junto a sus apéndices, como la orza, bulbo, etc., todos los elementos que desplacen parte del volumen de agua. Fig.70

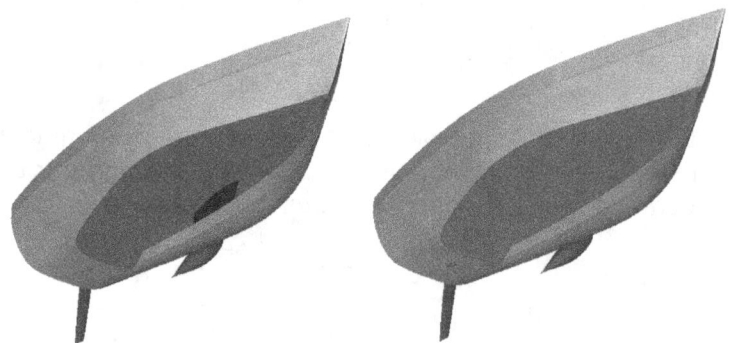

Fig.70.- Volumen de agua desplazada- Volumen relleno de espuma

La colocación de la espuma, nos evitará la entrada de agua al interior del volumen situado por debajo a la línea de flotación, conservando de esta manera un volumen de reserva equivalente al volumen de agua desplazada, haciendo la embarcación totalmente insumergible. En el caso de que este volumen no lo rellenemos de espuma, cualquier perforación que comunicara el interior con el agua, provocaría el hundimiento de la embarcación, para evitarlo este volumen del espacio interior, procuraremos dejarlo totalmente estanco relleno de un material de baja densidad (espuma).

En el caso de inundarse el interior de la embarcación, por entrada de agua por el tambucho, en una navegación con mal tiempo o de cualquier zona por encima a la **LF**., solo tendríamos que proceder para conseguir la expulsión del agua de su interior, a la colocación de una válvula de cierre manual en el fondo del casco, que conectara el interior con el mar, en la zona más baja de la sentina, para poderla accionar abriéndola y que de forma automática, por el principio de Arquímedes y los vasos comunicantes, expulsara el agua del interior al mar, recuperando la línea de flotación, dado que el nivel del mar quedaría por debajo del nivel del piso, la línea de flotación **LF**, dejando su interior sin agua y por decirlo de una forma más sencilla, totalmente seco.

Si una embarcación se llena de agua y quedara hundida parcialmente, al abrir la llave de paso de la sentina, esta iría recuperando poco a poco el nivel de la línea de flotación **LF** prevista en el proyecto.

El agua del interior es expulsada por sí sola, con la abertura de una llave de paso por la parte inferior del casco de la embarcación, tal como queda indicada secuencialmente,

Los principios básicos en que se fundamentan, los comportamientos de una embarcación diseñada para ser totalmente insumergible, con recuperación del nivel de la flotabilidad prevista en el proyecto, seguirían las siguientes fases:

FASE -A-

Suponemos que el interior queda inundado por entrar olas que se precipitan sobre la bañera y acceden a su interior por el tambucho, inundándolo de forma importante, tal como se indica en la figura. Fig.71

Fig.71.- EXTERIOR situación inicial

FASE – B -

Hundimiento de la misma por el peso del agua interior, **LF** por la parte superior del nivel previsto. El hundimiento se producirá hasta que el agua interior quede conectada con el exterior al mismo nivel, por vasos comunicantes mediante cualquier abertura existente en la bañera y tambucho .Fig. 72.

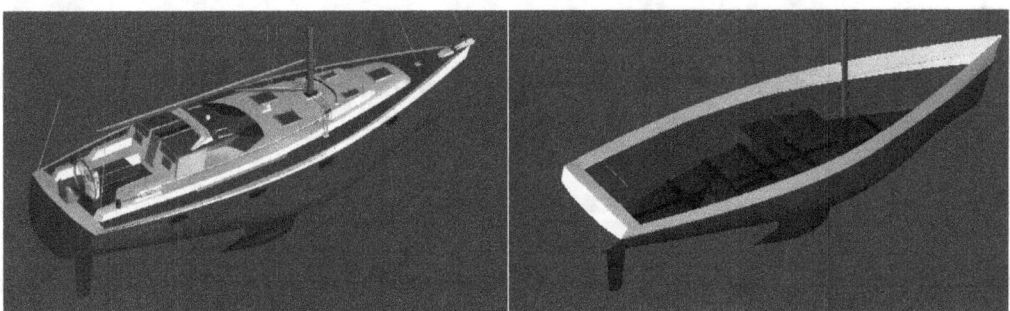

Fig.72.- EXTERIOR   *INTERIOR*

La embarcación permanecerá a flote por tener el peso total de la misma, compensado por un volumen de espuma equivalente al volumen de agua desplazado.

FASE -C-

Abertura de la llave de la parte inferior de la sentina, para dejar salir el agua del interior con la consiguiente recuperación de la **LF** al nivel previsto en el proyecto. Esta recuperación tendrá más efecto si la embarcación lleva una cierta velocidad hacia adelante. Fig. 73

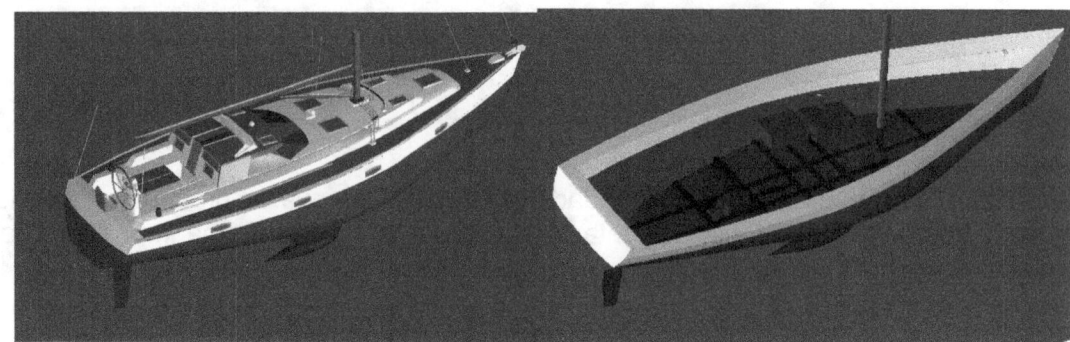

Fig.73. EXTERIOR   INTERIOR

FASE –D-

Línea de flotabilidad **LF** se va recuperando al nivel del proyecto, el interior baja el nivel del agua. Fig. 74

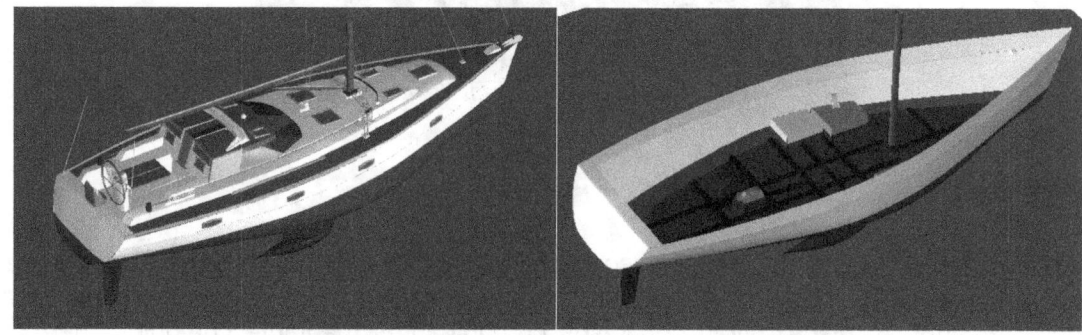

Fig.74.- EXTERIOR   INTERIOR

FASE –E

Línea de flotabilidad **LF** queda recuperada por la embarcación a nivel del proyecto y los interiores quedan sin agua, por lo que llegada esta fase se procederá a cerrar la llave de paso de la sentina, quedando únicamente agua en la sentina y en el hueco del motor.
Fig. 75

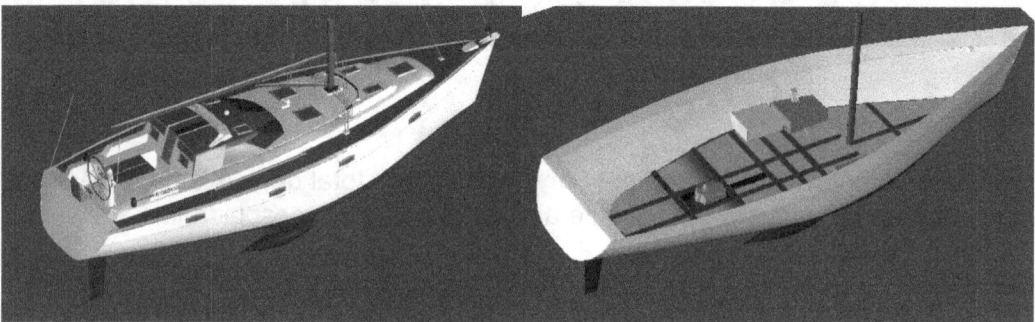

Fig.75.- 25 EXTERIOR   INTERIOR

Representar el principio de una forma gráfica, observamos el casco de una embarcación sumergida en el agua, vista por la parte inferior.Fig.76

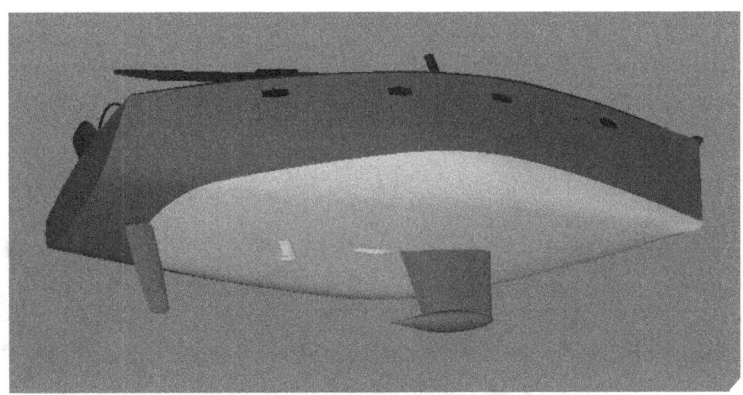

Fig. 76.- Obra viva

El peso del agua de los volúmenes desplazados del obra viva del casco, orza, bulbo, hélice soporte de la misma y timón nos darán el total de los pesos de la embarcación, lo que comúnmente se conoce como desplazamiento de una embarcación.

Dicho de otra manera, supongamos que los volúmenes de agua desplazados con los apéndices, formen una figura de la obra viva, junto con todos sus apéndices formada completamente de agua de mar y cuyo peso seria el desplazamiento total de la embarcación. Fig.77

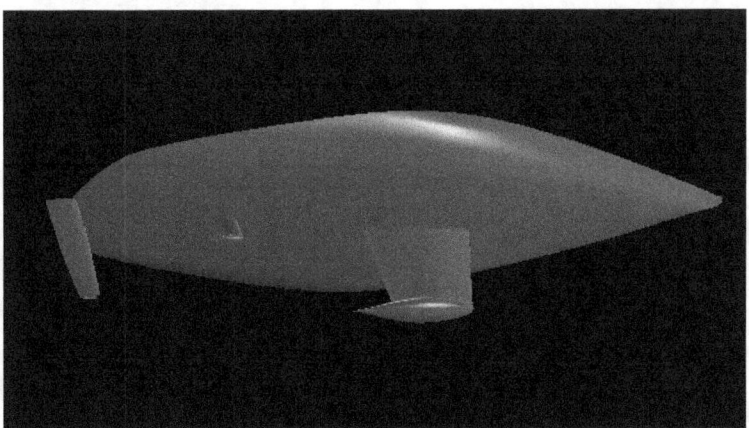

Fig.77.- Volúmenes de agua desplazados

Para apreciar con más detalle este proceso lo visionaremos mediante secciones de la embarcación, de forma secuencial las fases **A, B, C, D** y **E** en imágenes, para definir claramente las acciones que intervienen en cada momento.

Nuevamente suponemos la entrada de agua por la popa y que a través de la bañera, se introduce por el hueco abierto la entrada del tambucho, supongamos que llena totalmente el interior de la embarcación **IRF**.

Si se produjera una perforación por debajo de la línea de flotación, no inundaría su interior ni afectaría las reservas de flotabilidad, por estar estas rellenas de espuma de baja densidad y con células estancas o de baja absorción de agua, selladas por su parte superior, con el fin de dar una protección adicional a los volúmenes que forman las reservas de flotabilidad de la embarcación.Fig.78

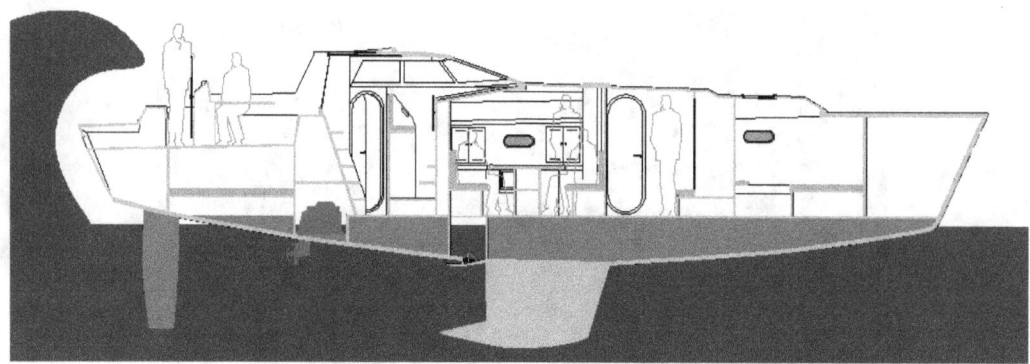

Fig.78.- entrada de agua por la popa

Vemos como la embarcación quedan los espacios interiores no estancos completamente inundados, el agua crea un sobrepeso **Pa**, que hará hundirla, ya que el peso total de la embarcación **Pe**, está compensado por el empuje que produce la zona ocupada por la espuma **E**, por el principio de Arquímedes tal como he comentado anteriormente.

Por lo que tenemos que: **Pe = E** y **Pe – E = 0,** quedando el peso del agua **Pa** a un nivel superior del nivel del mar, produciendo un peso que tendera a hundir la embarcación, hasta que el nivel interior se iguale con el nivel del mar, por el principio de los vasos comunicantes .Fig.79

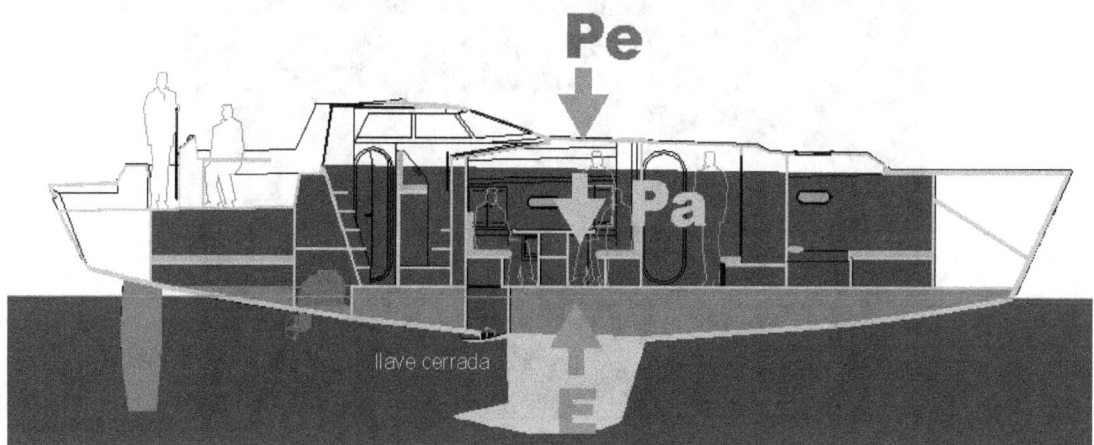

Fig.79 El agua crea un sobrepeso

Una vez producido el hundimiento de la embarcación, hasta conseguir el mismo nivel que el mar, por vasos comunicantes a través del tambucho, esta quedará totalmente equilibrada, siendo totalmente insumergible pero con un franco bordo mínimo.

Si accionamos la llave de paso del interior de la sentina, para que el interior quede conectado al mar, es cuando de forma paulatina ira expulsándola al exterior empezado el proceso de recuperación de la línea de flotación, por el principio de los vasos comunicantes, en donde el empuje **E** hará que la **LF**., prevista quede a nivel del mar. Fig.80

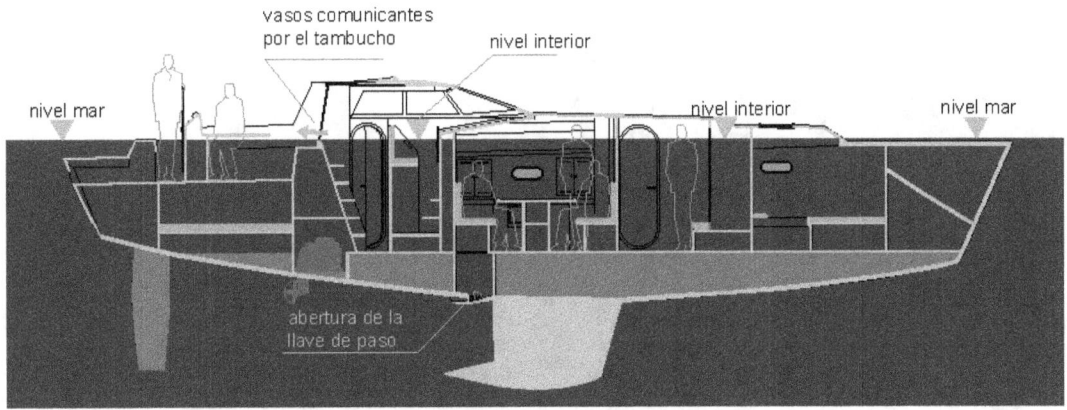

Fig.80.- Accionamos la llave de paso del interior de la sentina

Sigue el proceso de expulsión del agua interior, recuperando la poco a poco la línea de flotación. El peso del agua interior **Pa**, irá disminuyendo cada vez más.
Fig.81

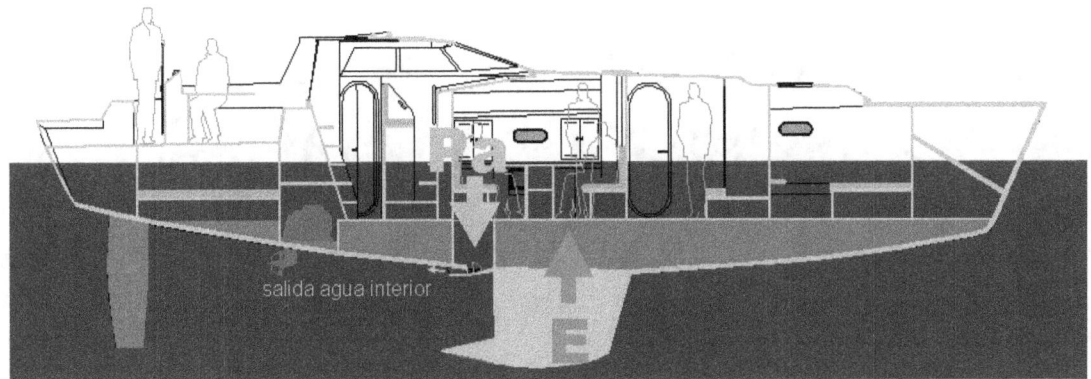

Fig.81.- Proceso de expulsión del agua interior

En esta última secuencia la embarcación **IRF**, ya ha completado la recuperación de la línea de flotación **LF**, con la sentina y el hueco del motor llenos de agua a nivel del mar, Fig.82

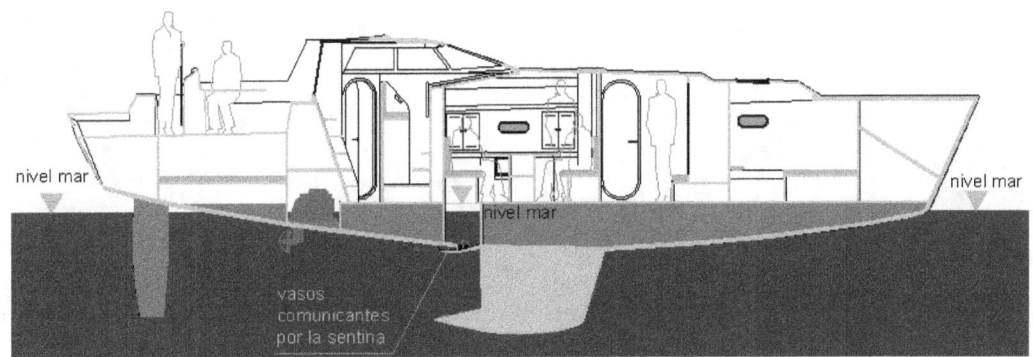

Fig. 82.- Recuperación total de la línea de flotación LF.

8.- RECUPERACIÓN DE LA FLOTABILIDAD - IRF

EMBARCACIONES EN SUPERFICIE

8- RECUPERACIÓN DE LA FLOTABILIDAD-IRF

EMBARCACIONES EN SUPERFICIEF

Una de las características más importantes de esta embarcación es, la insumergibilidad de la misma, durante su construcción es importante realizarla siguiendo las directrices indicadas en el proyecto, evitando la introducción de cambios, que puedan perjudicar a los desplazamientos y pesos previstos.

Hay que tener en cuenta que los materiales que se indican, están estudiados para que los desplazamientos de sus volúmenes queden compensados, esto nos permite obtener la insumergibilidad de la embarcación.

Por la misma razón aplicando los materiales en los sitios indicados, conseguiremos la recuperación de la flotabilidad.

Por ser la embarcación **I**nsumergible con **R**ecuperación de la **F**lotabilidad (**IRF**), impide la penetración de agua en su interior en el caso de un impacto. Cabría la posibilidad de una entrada de agua por el tambucho, motivado por una ola, esto implicaría un hundimiento de la línea de flotación **LF**, provocada por el peso del agua introducida en su interior. Fig.83-84

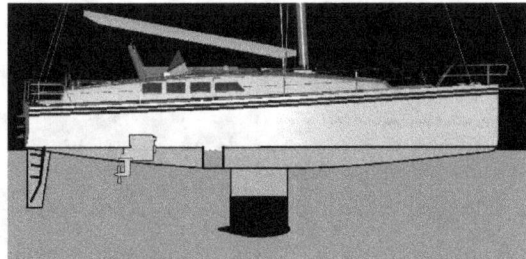 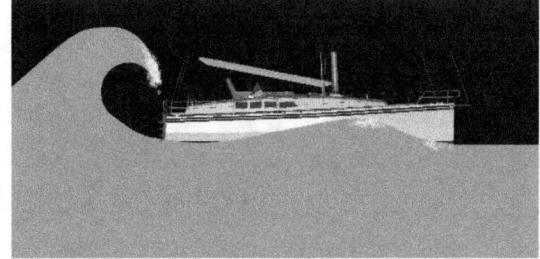

Fig.83.- Nivel del agua interior normal.   *Fig.84.- Entrada de agua por una ola*

Para extraer el agua que se hubiera introducido, solo haría falta accionar el dispositivo **IRF**, el cual expulsaría el agua del interior al exterior, de forma natural sin necesidad de bombas manuales o eléctricas, la extracción se debería hacer con el mar calmado, para obtener una mejor evacuación.Fig.85-86

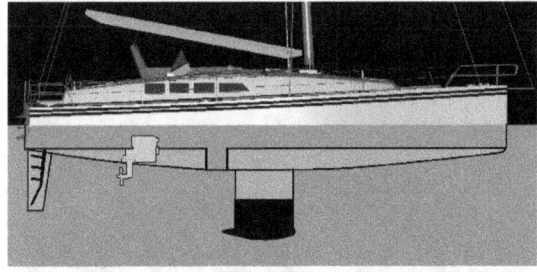 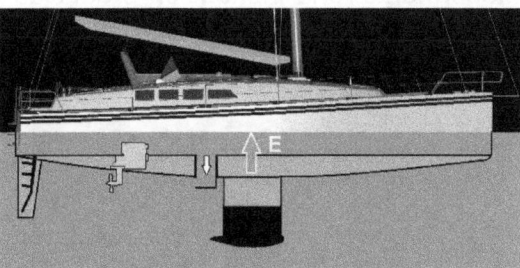

Fig.85.- Inundación interior.   *Fig.86.- Abertura del IRF.*

Al realizar la abertura del **IRF**, se pone en contacto el interior con el exterior y por el efecto de los vasos comunicantes, experimenta la embarcación un empuje **E**, hacia arriba, el cual hace que se expulse el agua interior con la misma fuerza que la del empuje **E**, que es equivalente al peso total de la embarcación **P**. Por el efecto de los vasos comunicantes, con esta acción la embarcación se desplaza hacia arriba, para conseguir igualar el nivel interior del piso con el nivel exterior del mar.

Esto implica el vaciado de agua del interior. Fig.87-88

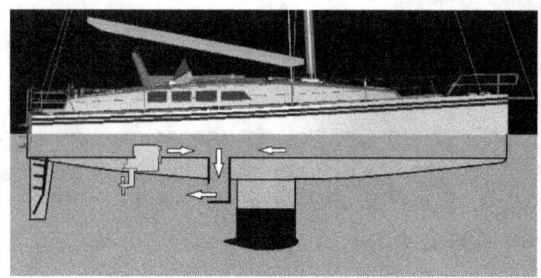 

Fig.87.- Expulsión del agua interior. *Fig.88.- Expulsión total del agua interior.*

Los efectos y reacciones que se producen en una embarcación **IRF**, los podemos apreciar mejor con las pruebas hechas con un modelo, en un recipiente de cristal en el que situamos la embarcación, la cual cargamos con pesos a escala, hasta conseguir el desplazamiento previsto en el proyecto. El desplazamiento lo conseguimos igualando y equilibrando la línea de flotación con el nivel del agua. En esta prueba está hecha con agua dulce, para que sea más desfavorable ya que su densidad es **Da= 1 t/m3.**

En el modelo de prueba se introdujo una pesa de **1Kg** de hierro, equivalente a una embarcación que desplaza **8 t**., realizada a la escala de **E: 1/20**. Fig.89-90

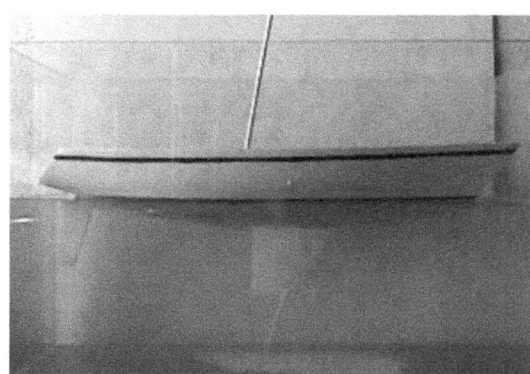 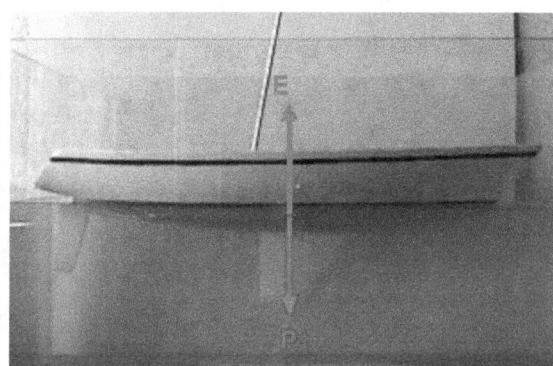

Fig.89.- Línea de flotación con el nivel del agua. *Fig.90.- Equilibrio de pesos E=P.*

Nivelada y cargada la embarcación, la llenamos con agua coloreada su interior, esto supone un lastre que hace que se hunda la embarcación, tal como hemos supuesto, anteriormente, una inundación producida por una hola, esto provoca que la línea de flotación quede por debajo del nivel del agua. Fig.91-92

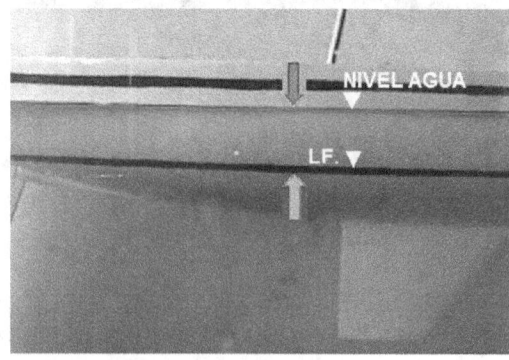 

Fig.91.- Hundimiento de la L.F. *Fig.92.- Relleno de agua coloreada del interior.*

Para recuperar el nivel de la línea de flotación **LF.**, activaremos el **IRF**, que nos conectará el agua del interior de la embarcación con el exterior, esto por el efecto de los vasos comunicantes nos producirá una expulsión del agua interior con una potencia igual al empuje vertical **E**, igual al peso de la embarcación **P**, vaciando totalmente el interior. Fig.93-94

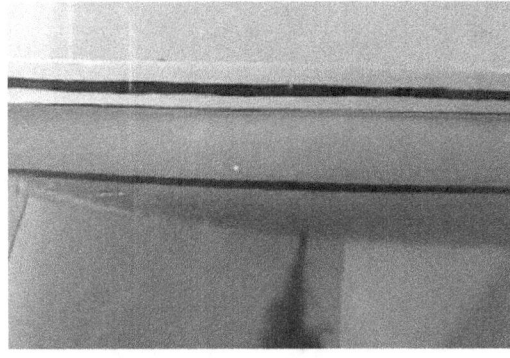
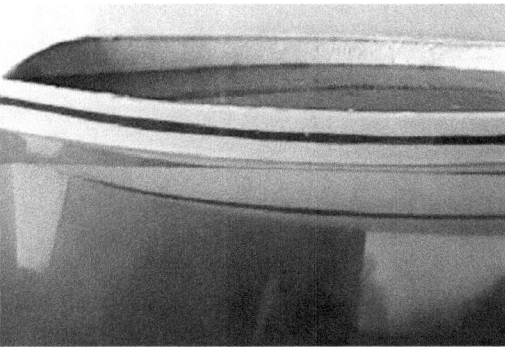

Fig.93.- Expulsión del agua interior. *Fig.94.- Expulsión total del agua interior.*

La expulsión del agua es total, hace que se recupere la flotabilidad, es decir recupere la línea de flotación **L.F**, prevista en el proyecto

Una embarcación **IRF**, recupera la línea de flotación siendo totalmente insumergible. Fig.95-96.

Fig.95.- Expulsión total del agua interior. *Fig.96.- Se iguala el nivel del agua con la L.F.*

9.- RECUPERACIÓN DE LA FLOTABILIDAD

EMBARCACIONES SUBMARINAS

EMBARCACIONES SUBMARINAS

APLICACIÓN DEL –IRF

La recuperación de la flotabilidad **IRF**, es aplicable a embarcaciones submarinas, para que puedan recuperar la flotabilidad y pasar de la inmersión a la emersión, recuperando la flotabilidad en el caso de una avería, que inutilice los volúmenes que le permitían la salida a la superficie.

Vamos a utilizar para explicarlo, una de las embarcaciones más conocidas, como es el submarino, siendo aplicable al resto de embarcaciones como Batiscafos, deportivas, etc.

El diseño del submarino del ejemplo es propio, no tiene nada que ver con ningún tipo de submarino existente, diseñado para dar unas explicaciones generales del sistema.

Consideremos unas características y datos para el estudio:

DATOS:
De = Desplazamiento emergido
Ds = Desplazamiento sumergido
Da = Densidad del agua
DL = Densidad del lastre

De = 2.200 t.
Ds = 2.400 t.
Da = 1,025 t. /m3
DL = 7,80 t. /m3

Desarrollaremos unos cálculos estimativos siguiendo los siguientes pasos:

A.-.Características.
B.- Pesos totales del submarino en seco.
C.- Volúmenes desplazados de agua. Desplazamiento.
D.- Empujes de los volúmenes, flotación en superficie
E.- Situación de la flotación del submarino entre dos aguas.
F.- Anulación de los volúmenes de proa y popa. Hundimiento
G.- Desprendimiento del lastre.
H.- Emersión a la superficie, recuperación de la flotabilidad. **IRF**.
Fig.97

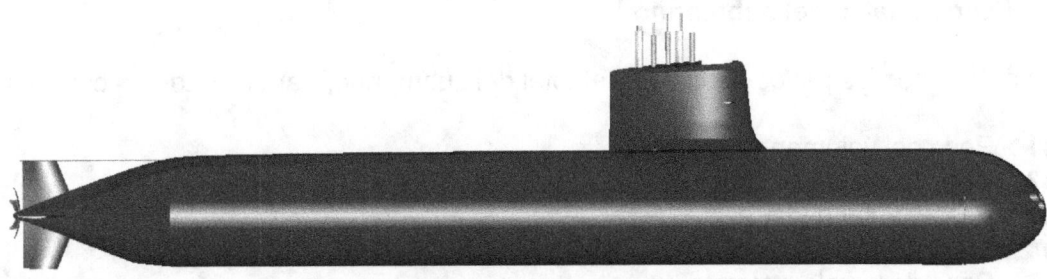

Fig.97.- Perfil lateral submarino

PRINCIPIOS DE INSUMERGIBILIDAD IRF

A.- Características.

Para el cálculo del submarino del ejemplo, disponemos de los siguientes datos:

DATOS:
PT = Peso total del submarino.
Pte= Peso total en emergido.
Pts= Peso total sumergido

PT = 2.400 t.
Pte= 2.200 t.
Pts= 2.400 t.

Consideremos una sección longitudinal, del submarino con las zonas básicas que lo forman, partiendo de izquierda a derecha:

1.-Propulsión
2.-Baterias popa
3.-AIP
4.-Lastre
5.-Mando y control
6.-Baterias proa
7.-Habitaciones
8.-Armamento y sonar
Fig.98

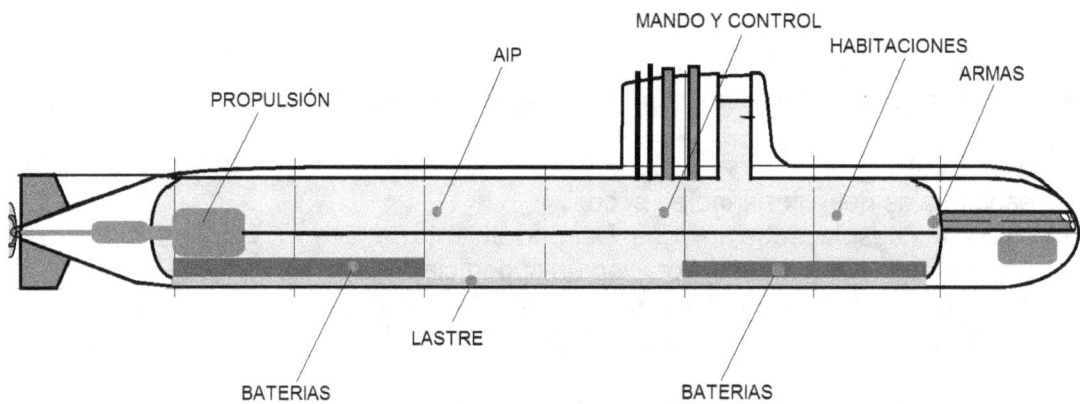

Fig.98.- Perfil lateral submarino

B.- Pesos totales del submarino

Establecemos los pesos parciales y el total del submarino, para realizar los cálculos.

p1 .- Peso del volumen de popa
p2 .- Peso del volumen de proa.
p3 .- Peso volumen lastre.
p4 .- Peso del casco resistente.
p5 .- Peso de la vela o torreta.
Pts.- Peso total sumergido
Fig.99

DATOS:
(p1).- 100 t.
(p2).- 100 t.
(p3).- 200 t.
(p4).- 1.800 t.
(p5).- ...200 t..
(Pt).-.. 2.400 t.

$$Pt = p1+p2+p3+p4+p5$$
$$Pt= 100+100+200+1.800+200$$
$$\mathbf{Pt=2.400 \ t}$$

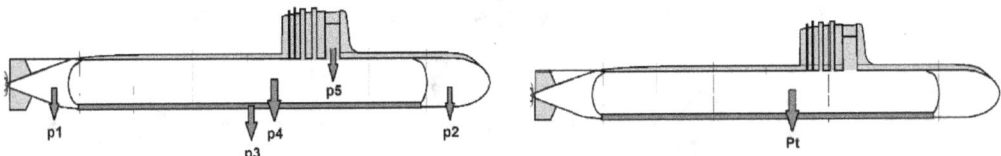

Fig.99.- Pesos parciales y total sumergido.

El principio de Arquímedes dice, que todo cuerpo sumergido en un fluido, experimenta un empuje vertical equivalente al peso del fluido desalojado **Ets.**

Para que un submarino, flote entre dos aguas y pueda situarse a cualquier nivel en estas, deberá tener la misma densidad que la del agua, de esta forma quedará estacionario, estable y sin tener tendencia a hundirse o a emerger.

Si imaginemos que el submarino lo extraemos del agua y en el lugar que había ocupado quedara un hueco con la forma de los volúmenes del submarino, tendríamos que de la misma manera estos son iguales, lo serían también a los volúmenes de agua desplazados por el mismo. De todo esto deduciremos, que para que exista un equilibrio del submarino en el interior del agua, los volúmenes de este tienen que tener el mismo peso total **Pts**, que los volúmenes del agua desplazada **Pta** y por lo tanto la misma densidad. Fig.100

Igualdad de pesos

DATOS:
Pts= Peso total sumergido
Pta= Peso total del agua desplazada
Vth= Volumen total hueco
Ets= Empuje total sumergido
Da = Densidad del agua
Ds= Densidad del submarino
Pts= 2.400 t.
Da = 1,025 t/m3

Volumen necesario:
$$Vts = Pts / Da$$
$$Vts = 2.400 / 1,025$$
$$\mathbf{Vts = 2.341,46 \ m3}$$

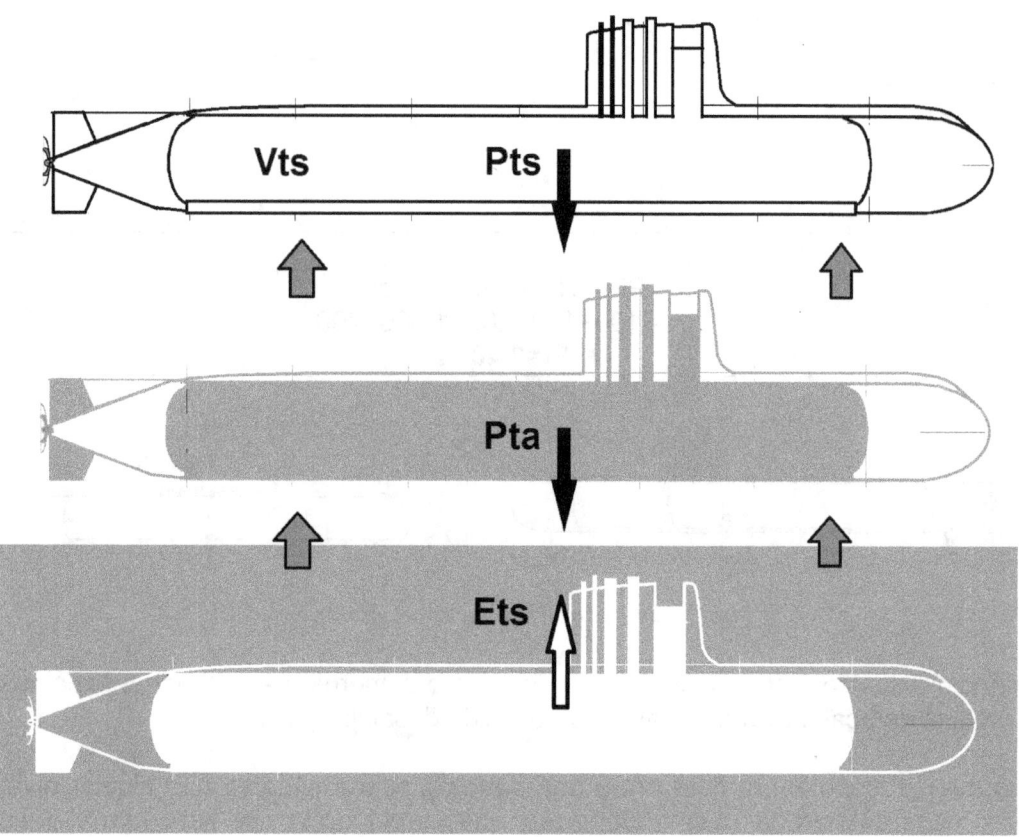

Fig.100.-Peso submarino, peso agua desplazada y emuje total

Densidad del submarino

Ds=Pts / Vts
Ds= 2.400 / 2.341,464
Ds = 1.02499
Ds= 1,025 t/m3

Densidades iguales
Da= 1,025 t/m3
Ds=1,025 t/m3
Da= Ds

Para que exista equilibrio el peso total del submarino tiene que ser igual al empuje y al peso total del agua desplazada.

Pts = Ets= Pta

C.- Volúmenes desplazados de agua. Desplazamiento.

Dividimos el submarino en cinco volúmenes o zonas básicas:

v1= Volumen popa, para sumergirse o emerger a la superficie.
v2= Volumen proa, para sumergirse o emerger a la superficie.
v3= Volumen de lastre para emerger a la superficie en caso de accidente.
v4.=Volumen del casco resistente.
v5.=Volumen del casco y vela, situados por encima del nivel del mar.
Vts = Volumen total sumergido suma se los volúmenes parciales indicados.
Fig.101

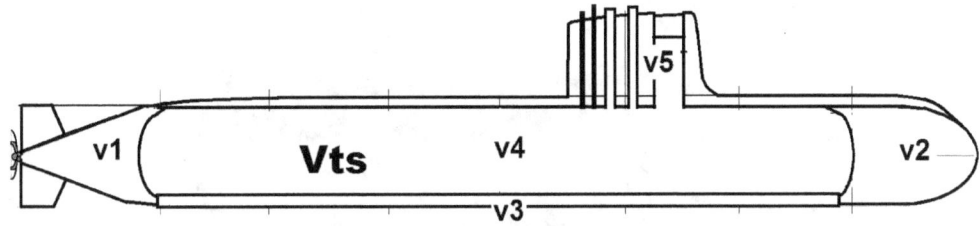

Fig.101.- Volúmenes parciales y total.

DATOS:
Da=1,025 t/m3
Pt = 2.400 t.

Desplazamientos de los volúmenes parciales de agua
Vts = v1+v2+v3+v4+v5

v1= p1/Da	;v1=100 / 1,025	**v1= 97,56. m3**
v2= p2/Da	;v2=100 / 1,025	**v2= 97,56. m3**
v3= p1/Da	;v3=200 / 1,025	**v3= 195,12 m3**
v4= p1/Da	;v4=1.800 / 1,025	**v4=1.756,097 m3**
v5= p1/Da	;v5=200 / 1,025	**v5= 195,12 m3**

Vts= 2.341,46 m3

Desplazamiento del volumen total de agua
Vts = v1+v2+v3+v4+v5
Vts= Pt / Da
Vts = 2.400/1.025 = 2.341,46 m3
Vts=2.341,46 m3

Nuevamente, imaginemos que extraemos el submarino del agua formado por todos sus volúmenes **Vts**, al extraerlo dejara un hueco vacío en el en el mar **Vh**, este volumen hueco había estado ocupado por el agua que se desplazó al introducir el submarino y cuyos volúmenes **Va**, son iguales a los volúmenes del submarino y a su vez al supuesto hueco dejado en el mar. Fig.102

Vts=Va=Vh

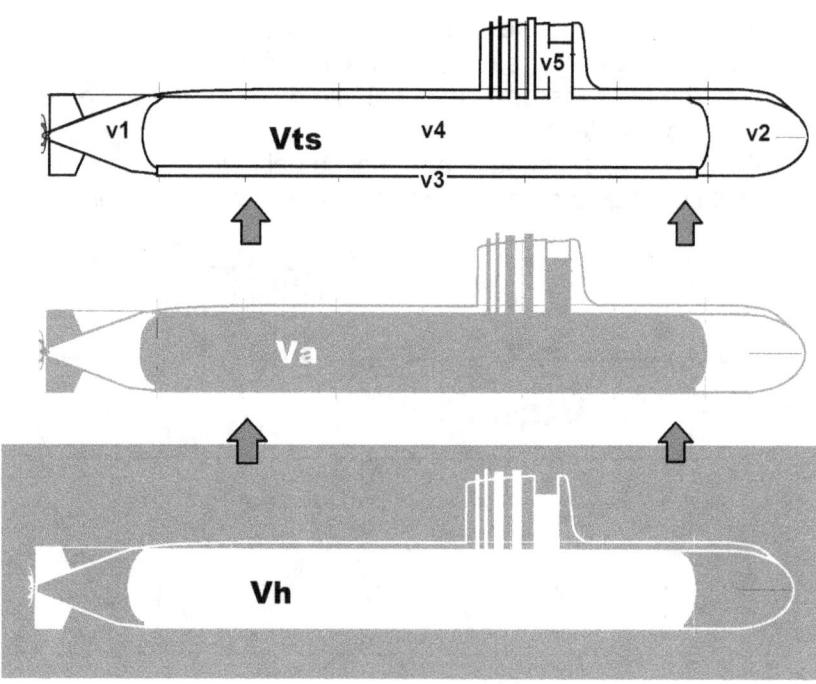

Fig.102.- Volúmenes submarino, de agua y huecos.

D.- Empujes de los volúmenes, flotación en superficie

Empujes parciales o total de los volúmenes de agua desplazada:

e1.- Empuje del volumen de popa.
e2.- Empuje del volumen de proa.
e3.- Empuje del volumen lastre.
e4.- Empuje del volumen casco resistente.
e5.- Empuje del volumen vela o torreta.
Ete.- Empuje total

Empuje total de la suma de todos los volúmenes de agua desplazada con la embarcación emergida **Ete**, este es igual al peso total de la embarcación **Pte**, para que exista equilibrio y evite el hundimiento.

DATOS:
PT = Peso total en seco.
Pte= Peso total emergido
Ete=Empuje total emergido

Da=1,025 t/m3

En flotación de superficie, el peso **p5** queda anulado por los empujes **e1+e2**
Correspondientes a los volúmenes de proa y a popa.
Fig.101

$$e1+e2= p5$$
$$\mathbf{e1+e2-p5=0}$$
$$100+100-200=0$$

Submarino emergido en la superficie. Volúmenes de agua desplazada **Vte**

Vte= v1+v2+v3+v4

v1= p1/Da	;v1=100 / 1,025	**v1=**	**97,56. m3**
v2= p2/Da	;v2=100 / 1,025	**v2=**	**97,56. m3**
v3= p1/Da	;v3=200 / 1,025	**v3=**	**195,12 m3**
v4= p1/Da	;v4=1.800 / 1,025	**v4=**	**1.756,097 m3**

Vte= 2.146,34 m3

Pte= Vte x Da
Pte=2.146,34 x 1,025 = 2.199,998
Pte=2.200 t.

Flotabilidad
Pte = Ete

Pte-Ete =0

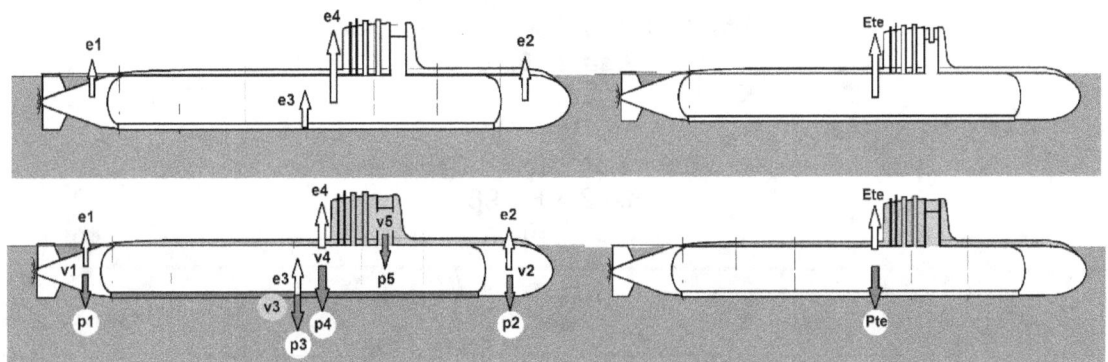

Fig.101.- Empujes del agua desplazada superficie.

E.- Situación de la flotación del submarino entre dos aguas.

El submarino procede a la inmersión llenando de agua los volúmenes de proa y popa **v1** y **v2**, para llegar a la cota de las profundidades deseada, en donde queda en flotación entre dos aguas, por ser la densidad del submarino igual a la del agua.

DATOS:
Vts = Volumen total sumergido
Pts = Peso total desplazado
Ets= Empuje total sumergido
Da = Densidad del agua
Vts=2.341,46 m3
p1 =   100 t.
p2 =   100 t.
p3=   200 t
p4= 1.800 t
p5 =   200 t.
Da =1,025 t/m3

Situamos el submarino, cuyo volumen desplaza un volumen total de agua igual **Vts=Vta**. Fig.102

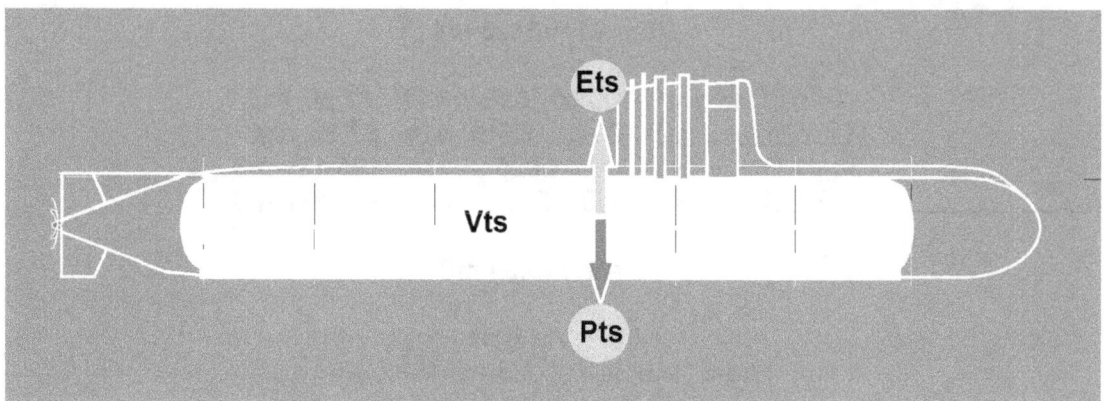

Fig.102.- Volumen desplazado en blanco. Vts

Peso total sumergido. **Pts,** igual al empuje total **Ets**, correspondientes a los volúmenes de agua desplazados **Vts**. Fig.103

$$Pts=p1+p2+p3+p4+p5$$
$$Pts=100+100+200+1.800+200$$
Pts= 2.400 t.

$$Ets=Vts \times Da$$
$$Ets= 2.341,46 \times 1,025$$
$$Ets=2.399,998$$
Ets=2.400 t.

Pts=Ets

El peso del submarino tiene que ser igual al peso del volumen de agua desplazada, para qué pueda emplazarse estáticamente a cualquier nivel sin necesidad de moverse. Fig.103

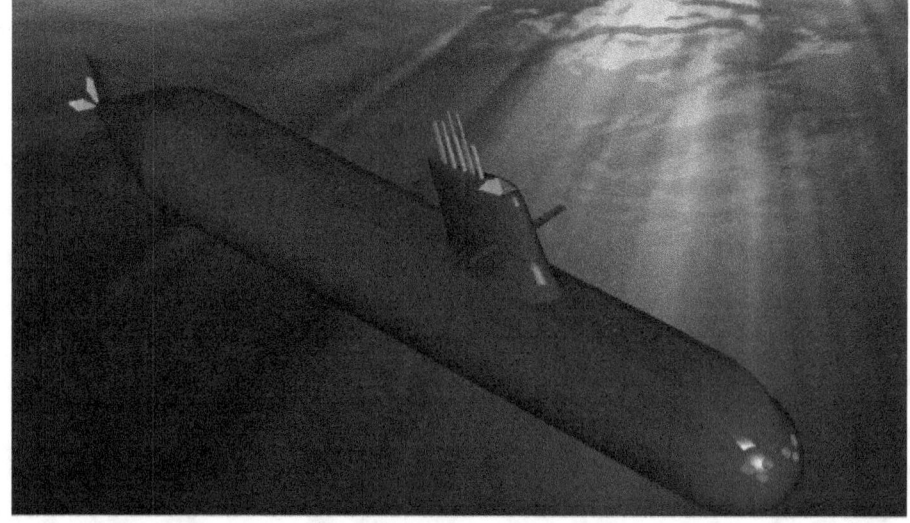

Fig.103.- Permanencia estática entre dos aguas

F.- Anulación de los volúmenes de proa y popa. Hundimiento

En una situación de fallo o anulación de los volúmenes **v1** y **v2**, que imposibilitara la ocupación del aire necesario para emerger a la superficie, crearía un gran problema ascensional. Para solucionar este posible problema, siempre y cuando se mantuviera intacto el casco resistente o volumen central **v3, v4, v5** se podría aplicar un sistema **IRF**, para conseguir la emersión y llegar a la superficie por medios propios.

A lo largo de los conflictos bélicos, uno de los problemas que tenían los submarinos, era precisamente el no poder optar por una alternativa, cuando sucedía una situación como la indicada anteriormente, se tenía que recurrir a rescates de las tripulaciones, mediante la inmersión de pequeñas embarcaciones submarinas para recogerlas, quedando hundido el submarino.

Para secuenciar una situación como la indicada pondremos un ejemplo, en el que un submarino, que es atacado y es alcanzado por dos torpedos le perforan los compartimentos **v1** y **v2**. Fig.104

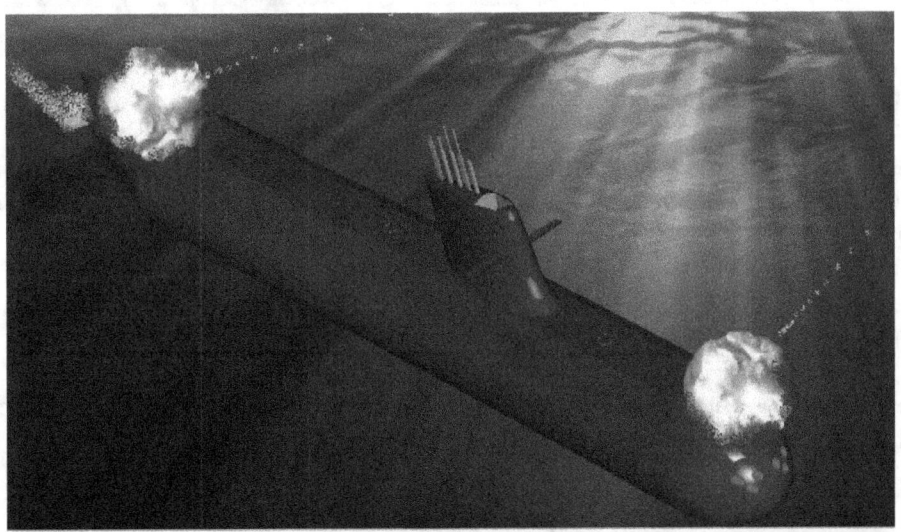

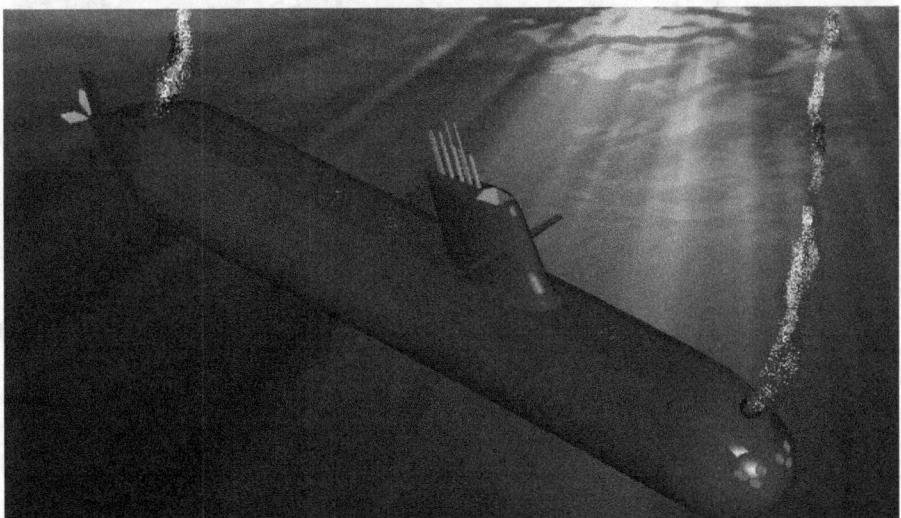

Fig.105.- Explosiones. Perforación volúmenes v1 y v2

En esta situación el submarino quedará hundido, sin la posibilidad de poder introducir aire en estos volúmenes que le permitan emerger a la superficie.Fig.106

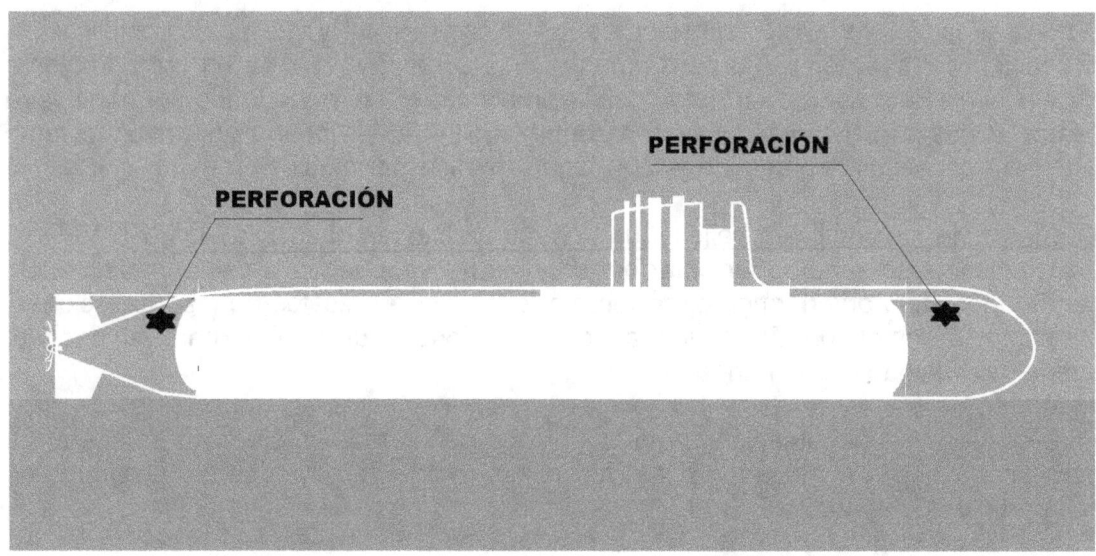

Fig.106.- Hundimiento. Anulación de los volúmenes V1 y V2

G.- Desprendimiento del lastre.

Un sistema **IRF**, a base de introducir lastre en un volumen **v3**, situado en la parte inferior del submarino, que compensara los volúmenes perdidos **v1** y **v2**, sería la solución.

El lastre, situado en el volumen **v3**, tendría un peso **p3**, equivalente al peso del volumen **v1** y **v2** con los pesos **p1** y **p2**.

Soltamos el lastre para que el submarino pueda subir al exterior, recuperando la flotabilidad en la superficie. Diriamos que es un submarno **IRF**.
Fig.107

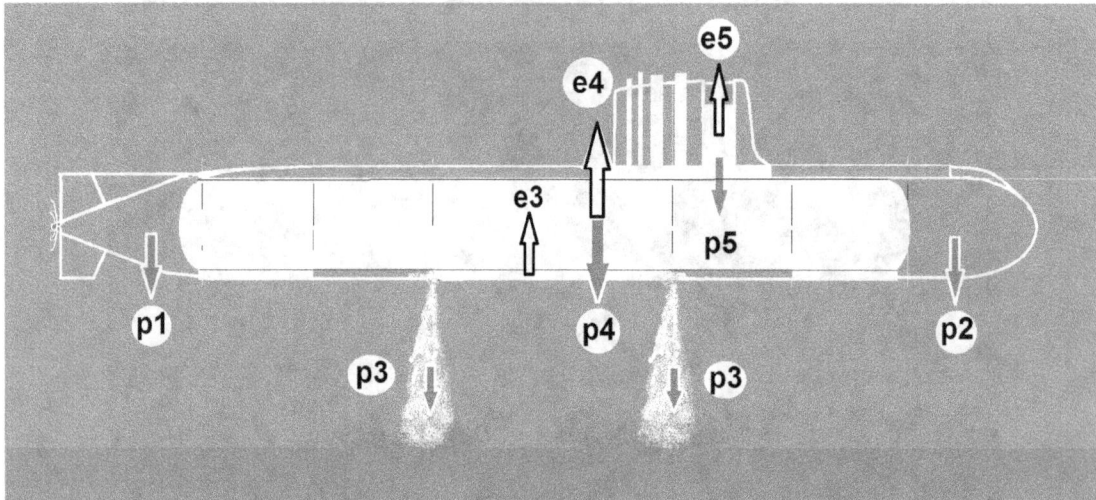

Fig.107.- Desprendimiento del lastre p3

Pesos y empujes existentes una vez soltado el lastre. Queda anulado el peso **p3**, por descarga del lastre, el volumen donde estaba colocado el lastre **v3**, queda cerrado una vez descargado el lastre.

El peso del lastre descargado **p3** compensa los empujes **e1** y **e2**, perdidos por la anulación de sus volúmenes **v1** y **v2**.

Pesos
Pts=p1+p2+p4+p5
Pts=100+100+1.800+200
Pts=2.200 t.

Los empujes resultantes una vez descargado el lastre,

Empujes
Ets= e3+e4+e5
Ets= 200+1.800+200
Ets=2.200 t.
Ets=Pts

El submarino queda estabilizado entre dos aguas al tener el peso total **Pts**, igual al empuje total **Ets**., para poder emerger se tendía hacer mediante la propulsión del motor.
Suponiendo que el motor también se viera afectado, buscaríamos una propulsión natural que impulsara el submarino a la superficie, de forma natural.

La propulsión ascendente la coseguiríamos, mediante la utilización de parte del espacio del volumen **v5**, en la zona longitudinal existente entre el casco resistente y la cubierta.
Crearíamos un nuevo volumen **v6**, que recuperara este espacio desalojando el agua que lo ocupa. Fig.108

DATOS:
Pts= Peso total sumergido
p1= Peso volumen popa
p2= Peso volumen popa
p4= Peso casco resistente
p5= Peso vela
e4= Empuje casco resistente
e5= Empuje vela
e6= Empuje bajo cubierta

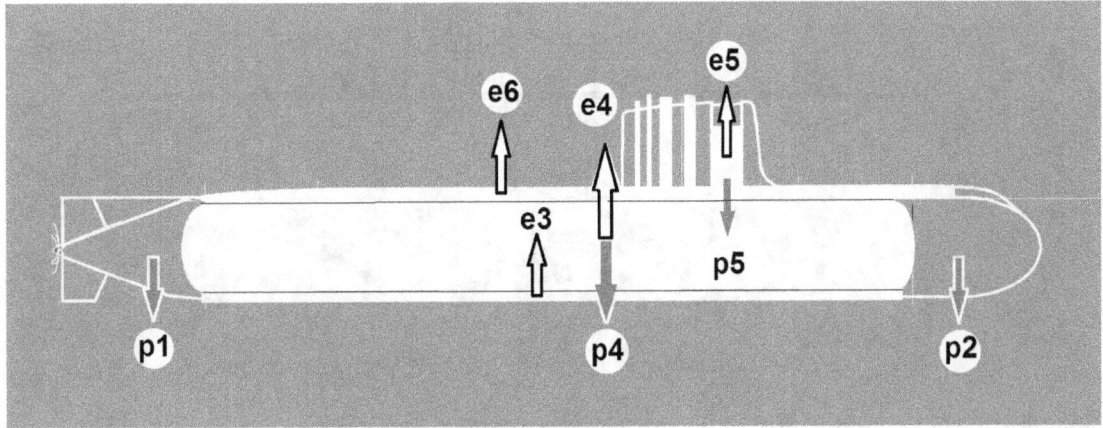

PRINCIPIOS DE INSUMERGIBILIDAD IRF

Fig.107.- Desprendimiento del lastre p3

Pesos
Pts=p1+p2+p4+p5
Pts=100+100+1.800+200
Ets=2.200 t.

Empujes para una emersión automática
Ets=e3+e4+e5+e6
Ets=200+1.800+200+200
Ets=2.400 t.

Ets>Pts
2.400 t.>2.200 t.

H.- Emersión a la superficie, recuperación de la flotabilidad. IRF.

Visualizamos los pesos y los empujes que existen una vez recuperada la flotabilidad en la superficie.Fig.108

DATOS:
Pts= Peso total sumergido
p1= Peso volumen popa
p2= Peso volumen popa
p3= Peso volumen lastre
p4= Peso casco resistente
p5= Peso vela
e3=Empuje volumen lastre
e4= Empuje casco resistente
e5= Empuje vela
e6= Empuje bajo cubierta

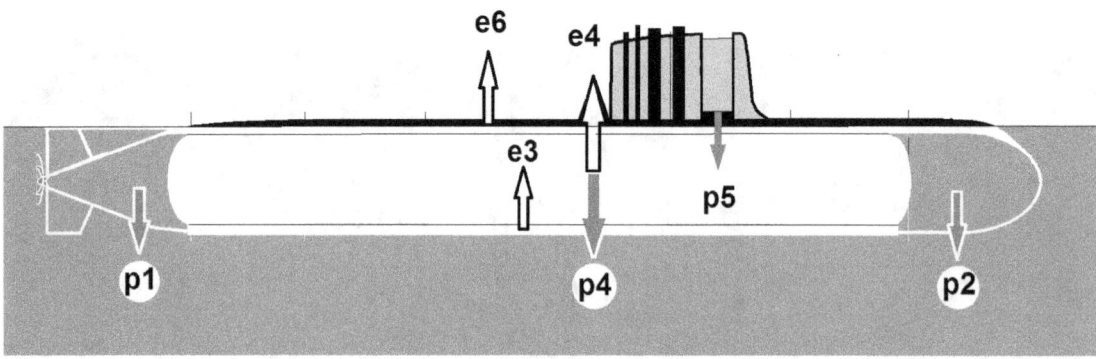

Fig.107.- Emersión a la superficie.

Calcularemos los pesos con la embarcación en superficie **Pte**
Calcularemos los volúmenes sumergidos que provocan el empuje **Ete.**

> Pesos superficie –**Pte**
>
> **Pte =p1+p2+p4+p5**
> **Pte** = 100+100+1.800+200 = **2.200 t.**
>
> **Pts=2.200 t.**
>
> Empujes superficie – **Ete**
>
> **Ete=e3+e4+e6**
> Ete=200+1.800+200
>
> **Ete=2.200 t.**
>
> Equilibrio en la flotación en superficie
> **Ete=2.200 t.**
> **Pte= 2.200 t.**
>
> **Ete=Pte**

El submarino subiría a la superficie gracias a la acción de los volúmenes **v3, v4, v5** y **v6** que provocarían los empujes **e3, e4, e5** y **e6**, quedando como resultante **Ets**.

En la fase de emersión, al descargar el lastre, los empujes **Ets**, son superiores a los pesos **Pts**, produciéndose un ascenso y recuperando la flotabilidad en la superficie.

Para que esto suceda el volumen **v3**, una vez vaciado del lastre **p3**, tiene que quedar activo como volumen, mediante el llenado del mismo con aire, el cual produciría el empuje **e3**, de la misma forma lo haríamos creando un nuevo volumen **v6**, debajo de la cubierta.

Respecto al volumen **v5**, su mayor parte de aire tiene que quedar en la zona inferior de la vela y la cubierta del casco, para producir un empuje efectivo.**e5**.

La disponibilidad del lastre, permite independientemente de la recuperación de la flotabilidad, disponer de un peso regulable para el ajuste del resto de pesos del submarino, para obtener los desplazamientos deseados.

En los cálculos del ejemplo, se han considerado, volúmenes y pesos globales sin entrar en detalles.

Para acabar, la aplicación del **IRF**, produciría una pérdida de **200** t. de lastre y el salvamento de la tripulación, evitando la pérdida de **2.400** t., con el consiguiente riesgo del salvamento de la tripulación,

MÉTODO 1

RECUPERACIÓN DE LA FLOTABILIDAD

METODO 1

RECUPERACIÓN DE LA FLOTABILIDAD

Para poder aplicar la teoría lo mejor es hacerlo sobre un ejemplo, escogeré una embarcación a vela, por ser la que ofrece más dificultad a la hora de compensar los volúmenes, escogemos un velero de crucero de **46** pies, con una eslora de **14,00** m con una amplia manga de **4,40** m. un desplazamiento **15.322** k., utilizando materiales ligeros para su construcción, casco en sándwich con su interior en espuma o madera.

Para el diseño de una embarcación, seguiré tres **METODOS**, los dos primeros serán para conseguir hacer la embarcación <u>Insumergibles con Recuperación del nivel de la línea de Flotación (IRF)</u> prevista en el proyecto, con la consiguiente evacuación total del agua interior, siendo los dos primeros métodos para aplicar en diseños de proyectos de nuevas embarcaciones y el tercero será para las embarcaciones ya existentes.

METODO 1

Consiste básicamente, en el relleno de espuma hasta la línea de flotación que ocupará los volúmenes huecos y posteriormente, compensaremos los volúmenes sólidos existentes en su interior con distintas densidades, subiendo el nivel del piso de la embarcación por encima de la línea de flotación, hasta conseguir compensar los volúmenes macizos interiores, mediante una franja de espuma, equivalente a los pesos de dichos volúmenes convertidos en volúmenes de agua, como veremos más adelante, con el fin de conseguir un volumen de relleno que compense el volumen total vacío existente equivalente al del agua desalojada.

Estos volúmenes equivalentes al volumen de agua desalojada, multiplicados por la densidad de la misma, nos dará el volumen que tendremos que añadir en forma de franja con un grueso que lo situaremos por encima de la línea de flotación.

Cogeremos el peso **P** de los volúmenes a compensar indicados y buscaremos el peso (**P por1cm**) que supone el hundimiento de una franja de **1** cm., a nivel de la línea de flotación. Una vez tengamos el peso de la franja de **1**cm de altura, lo dividiremos por el peso a compensar **P** y obtendremos la altura **H** necesaria, para conseguir una franja de espuma que compense los volúmenes sólidos, situados por debajo de la línea de flotación **LF** del proyecto. Fig.- 110

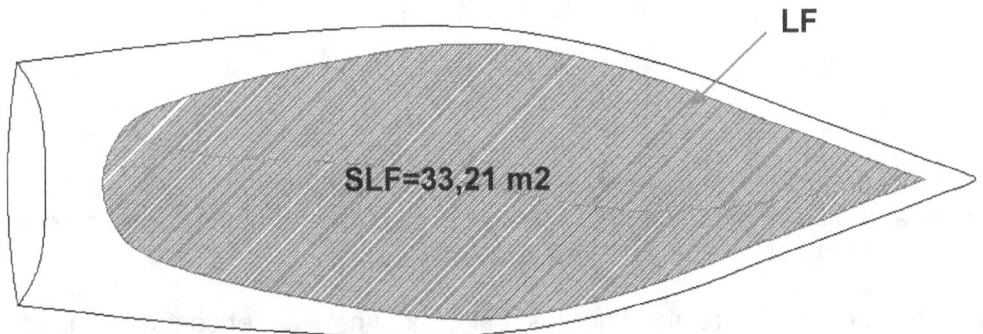

Fig.110.-Superficie plana de la línea de flotación.

Ejemplo sobre una embarcación a vela.

PRINCIPIOS N°01
PRINCIPIOS DE INSUMERGIBILIDAD IRF

DATOS:

D = Desplazamiento total
SFL = Superficie plana de la LF.
Pt = Peso del volumen total a compensar de los huecos del casco.

D =15.322 kg
SFL= 33,21 m2
Pt =3.573,79 kg

Volumen del hundimiento de **1cm** de la superficie plana en la línea de flotación.

V por 1cm = 33,21 m2 x 0,01m = **0,3321** m3

Buscaremos el peso del hundimiento de **1cm** de altura de **P** por **1cm**,

DATOS:
Buscaremos el peso de V1cm,= 0,3321 m3
Densidad del agua = Da = 1.025 kg/m3

P1cm = **V**1cm x **Da** =0,3321 m3 x 1.025 kg/m3 = **340,40** kg

---

Buscaremos los volúmenes de compensación, que detallaremos más adelante en la conversión de los volúmenes sólidos existentes en la obra viva, con densidades superiores, iguales e inferiores a las del agua, cálculos que veremos más adelante en la conversión de sólidos en volúmenes de agua Supongamos que esto nos da un peso en volúmenes de agua igual a **Pt** = **3.573,79** Kg.

Para encontrar la altura que necesitamos del volumen de compensación por encima de la línea de flotación, dividiremos el peso encontrado **Pt** = **3.573,79** kg, por el peso que representa la superficie de la línea de flotación por centímetro **P** = **340,40** kg.

$$H = P / P1cm = \frac{3.573,79 \text{ kg}}{340,40 \text{ kg.}} = \mathbf{10{,}498} \text{ cm}$$

H= 10,50 cm

5.- Encontrada la altura, que consideraremos **H = 10,50** cm, que estará por encima de la línea de flotación, donde colocaremos el piso de la embarcación, rellenaremos de espuma las partes huecas por debajo del piso.

Con el fin de ajustar al máximo los cálculos, una vez encontrada la altura **H**, encontraremos el peso que supone dicho volumen de espuma, multiplicándolo por la densidad de la misma.

DATOS:
V H = Volumen total de la franja de altura H

PH = Peso total volumen de la franja de altura H
SUPLF = Superficie plana a nivel de la línea de flotación.
De = Densidad de la espuma = 0,040 t/m3
H= Altura de la franja de espuma = 10,5 cm= 0,105 m.

$$V H = SUPLF \times H$$
$$V H = 33,21 \, m2 \times 0,105m = \mathbf{3,48} \, m3$$

Buscaremos el peso del volumen de la franja

$$PH = V H \times De$$
$$PH = 3,48 \times 0,040 = 0,14 \, t. = \mathbf{140} \, kg$$

8.- Añadiremos el peso encontrado (**PH**) al peso que teníamos (**Pt**)

Peso del volumen total a compensar de los huecos. **Pt** =3.573,79 kg
Nuevo peso del volumen a compensar de los huecos más la franja = **Pt2**

$$Pt2 = Pt + PH$$
$$Pt2 = 3.573,79 + 140 = 3.713,79 \, kg$$
$$Pt2 = \mathbf{3.713,79} \, kg$$

9.- Obtenido el peso total **Pt2**, estableceremos definitivamente la altura **Ht**.

Ht = Altura total de la franja necesaria para conseguir un comportamiento de la embarcación de **IRF**. Fig.- 111, 112

La altura total de la franja será:

$$Ht = \frac{Pt + PH}{} = Pt2$$

$$Ht = \frac{3.573,79 \, k + 140 \, kg}{340,40 \, kg.} = \frac{3.713,79 \, kg}{340,40 \, kg.} = \mathbf{10,91}$$

Altura total considerada $\boxed{Ht = 11 \, cm}$

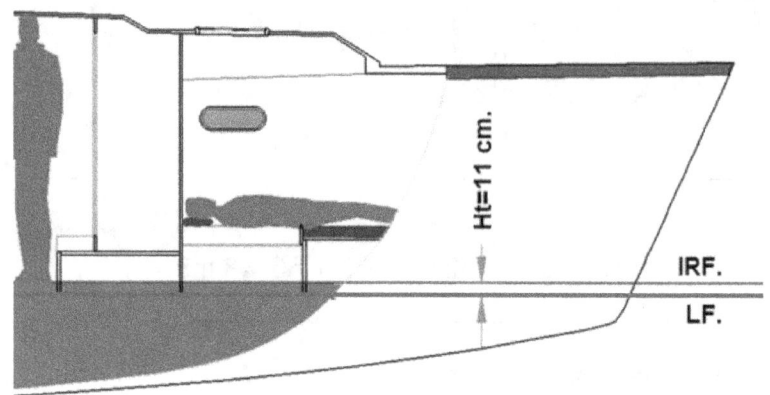

Fig.111.- Altura total de la franja por encima de la LF.

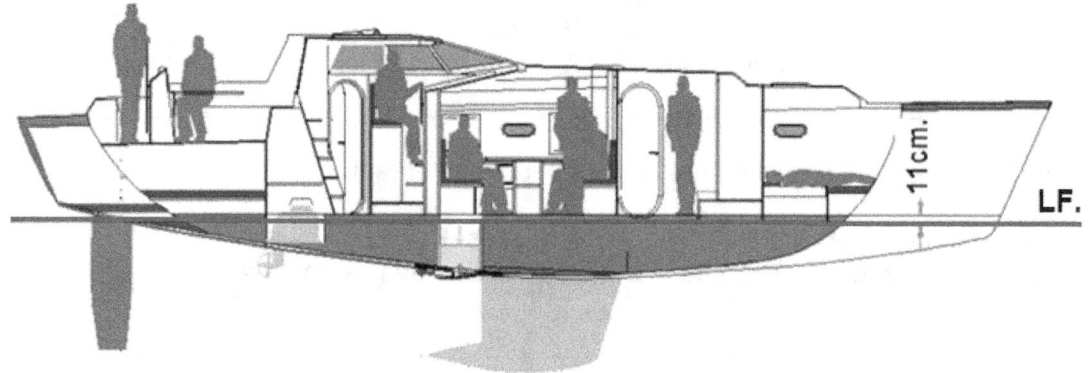

Fig.112.- vista general embarcación

Este método hace la embarcación sea insumergible con la recuperación de la **LF**., diferenciándose de las embarcaciones tradicionales, solo en la limitación de los espacios interiores, tendremos que diseñar las alturas resultantes necesarias para la circulación interior a las diversas dependencias, disponiendo de espacios suficientemente cómodos, tal como se indica en el ejemplo. La altura de la franja de compensación será de H = **10,91** cm., que redondearemos optando H = **11** cm.

Las alturas interiores las podremos mantener, en embarcaciones con esloras pequeñas, introduciendo huecos que permitan mantener las alturas, incorporando estos volúmenes como pesos de agua a compensar.Fig.113-114

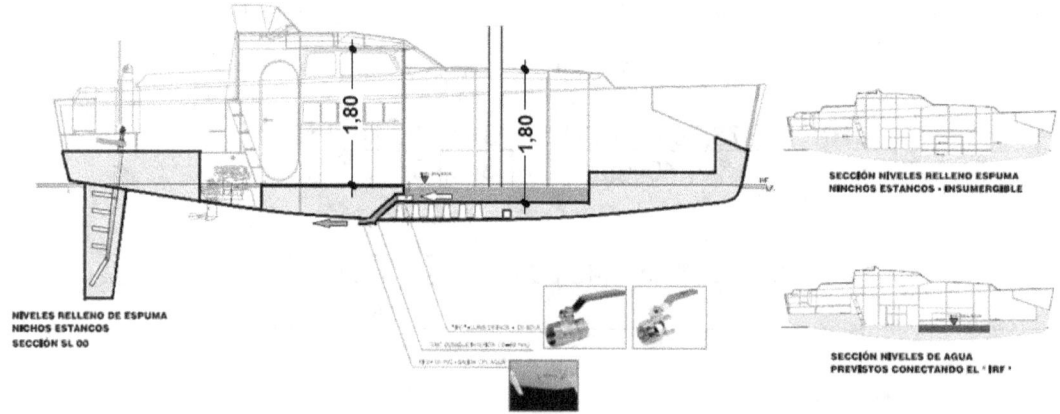

Fig.113.- Huecos para mantener las alturas

Si se quiere que el piso de la embarcación, una vez evacuada el agua de su interior quede sin agua, optaremos por no hacer ningún hueco. Esta solución reducirá la altura interior de la zona de los asientos y mesa.

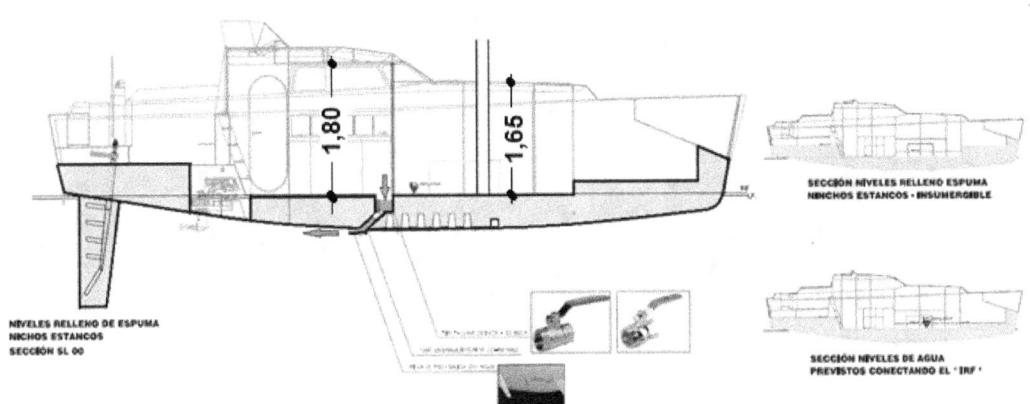

Fig.114.- Suelo plano sin huecos

MÉTODO 2

RECUPERACIÓN DE LA FLOTABILIDAD

METODO 2

Consiste básicamente, igual a lo indicado en el **METODO 1**, con la diferencia de no subir el nivel del piso de la embarcación, por encima de la línea de flotación, equivalente a una franja de 11cm, en el **METODO 2** esta franja la deduciremos de los volúmenes existentes por debajo del nivel de la línea de flotación, que será el nivel del piso interior, compensando el peso de la franja anterior, por la disminución de dicho peso del peso total de la embarcación, por ejemplo:

Consideramos la embarcación anterior del ejemplo del **METODO 1**, cuyos pesos de los volúmenes a compensar fueran:

DATOS:
Pt2 = Nuevo peso del volumen a compensar de los huecos más la franja
Pt2 = 3.713,79 kg
D = Desplazamiento
D = 15.322 kg

Para conseguir la **IRF**, reduciríamos el desplazamiento restando los volúmenes a compensar:

D2 = Nuevo desplazamiento
D2 = D - Pt2 = 15.322 kg.- 3.713,79 kg = **11.608,21 kg**

Consideraremos:

D2 = 11.608 kg

En este **METODO 2**, dejaría reducido el desplazamiento de la embarcación de
D = 15.322 kg, a uno inferior **D2 = 11.608 kg**, este nuevo desplazamiento comprendería la totalidad de los pesos de la embarcación, los pesos fijos, los móviles, tripulación y equipajes junto los consumibles, comida y depósitos agua.

Método para aplicar sobre diseños de nuevas embarcaciones.

El procedimiento es el mismo que el anterior, variando únicamente la parte final, en la que la **H** irá por debajo de la **LF**.Fig.115-116

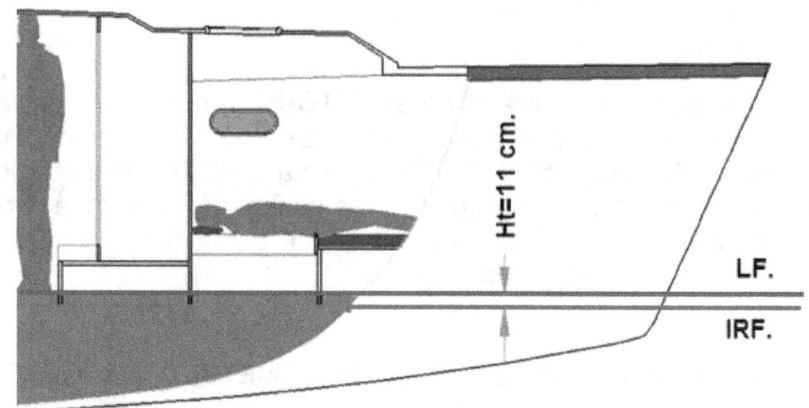

Fig.- 115.- Altura total de la nueva LF

Fig.116.- Nueva franja IRF por debajo de la LF original

Este método hace la embarcación insumergible con la recuperación de la **LF**., se diferencia de las embarcaciones calculadas con el método1, en que la línea de flotación queda por debajo de la **LF** original, por haber disminuido el desplazamiento.

TABLA Nº1

TABLA Nº 1

COMPARATIVO DE LOS MÉTODOS 1 y 2

DESPLAZAMIENTO TOTAL VELERO DE CRUCERO NC- 46-IRF	DENOMINACION	METODO 1 PESOS reales Kg.	METODO 2 PESOS modificados Kg.
	LASTRE	6.283,- kg	**4.500,- kg**
	CASCO	2.500	**2.000**
	CUBIERTAS	1.400	**1.100**
	MAMPAROS	1.300	**1.000**
	MOTOR	250	**250**
	REFUERZOS	900	**576**
	DEPOSITO GASOIL	400	**282**
	DEPOSITO AGUA	600	**400**
	EQUIPOS	100	**100**
	MÁSTIL+ VELAS	400	**400**
	TRIPULACIÓN + EQUIPAGE	1000	**1000**
	VARIOS	189	------
	TOTAL	15.322 kg.	**11.608 kg.**

Resumiendo el desplazamiento total **METODO 1** de D =**15.322 kg** calculado en la embarcación y reduciendo el peso queda el nuevo desplazamiento del **METODO 2**, de la embarcación en, D2 = **11.608 kg**

Esta diferencia hará disminuir los pesos de muchas partidas del proyecto, por un total de **Pt2 = 3.713,79 kg**

METODO 2

El Método 2, obliga en el diseño a crear una embarcación con poco peso, seleccionando materiales más ligeros, para adaptar a los pesos del nuevo desplazamiento, con el fin de que la embarcación se comporte de forma **IRF**, dejando claro que en su diseño tiene un desplazamiento superior, sin embargo el peso total de la construcción de la misma, incluyendo el resto de pesos como, tripulación, combustibles, alimentos, etc., no excede del desplazamiento encontrado (**D2 = 11.608 kg**).

Su construcción es más indicada para la fabricación en serie.

MÉTODO 3

RECUPERACIÓN DE LA FLOTABILIDAD

MÉTODO 3

Método 3, enfocado para su aplicación en embarcaciones ya construidas y existentes en el mercado. Este método, en la mayoría de embarcaciones únicamente servirá para hacerlas insumergibles sin la recuperación total de la flotabilidad, siendo esta recuperación parcial.

Se mantiene el nivel del piso por debajo de la línea de flotación **LF**, este método consiste en compensar los volúmenes de los elementos situados por debajo y por encima de la línea de flotación, cuyas densidades sean iguales o superiores al agua por volúmenes de baja densidad que los suplan, mediante la aplicación de espumas de baja densidad y el resto de los espacios en el interior del casco vacíos o con densidades bajas inferiores a la del agua, se rellenan también con espumas de baja densidad de células estancas y de poca absorción, manteniendo la **LF** por debajo de l los volúmenes de compensación, método para aplicar sobre diseños de embarcaciones existentes.

El procedimiento es distinto a los anteriores, podremos actuar siguiendo dos métodos: partiendo de que tenemos poca información sobre el proyecto, en lo referente los datos que establecíamos en los cuadros **1** y **2**, por lo que estos, los tendremos que obtener mediante unas series de pruebas que haremos a la embarcación.

En una embarcación existente en el mercado, podríamos hacer una estimación para apreciar la posibilidad de hacerla insumergible, para lo cual partiremos de la única información suministrada por el astillero, de forma muy genérica, supongamos que solo disponemos de la siguiente información. Fig.117.

1.- CARACTERISTICAS DE LA EMBARCACIÓN:

NAUTA 50-IRF

ESLORA...= 15,00 m.
MANGA..= 4,80 m.
CALADO...= 2,20 m.
DESPLAZAMIENTO TOTAL...............= 14,59 t. = 14.590 kg.

Fig.117.- Embarcación existente no insumergible.

PROCEDIMIENTO A SEGUIR:

Para convertir una embarcación existente, en una embarcación del tipo –IRF-. Necesitaremos planos, desplazamiento de la embarcación, volúmenes interiores, etc…

En el caso de no disponer de la información técnica indicada, que será lo más probable. Necesitaremos confeccionar nosotros mismos los planos, lo más exactos posibles, para poder averiguar el desplazamiento y los volúmenes interiores, ocupados y vacíos.

Como solo disponemos de la embarcación, para sacar los perfiles transversales, longitudinales y los volúmenes, podremos hacerlo de una forma simple con medios al alcance de todo el mundo, sin aparatos, de nivel, laser, etc.

Para poder aplicar los **MÉTODOS 1** y **2**, indicados anteriormente, necesitamos saber:

A.- El Desplazamiento.

B.- El grueso del casco de la embarcación.

C.- Los volúmenes sólidos y huecos existentes (**A** + **B** +**C** +**F**) indicados en los Métodos **1** y **2**.

D.- Los apéndices exteriores del casco: Lastre y timón

Para todo esto, procederemos de la siguiente manera:

A.-DESPLAZAMIENTO DE LA EMBARCACIÓN

A1.- Crearemos una base en el suelo completamente nivelada en ambas direcciones, con tableros de madera sobre una base de mortero de cemento.Fig.118-119-120-121.

Fig.118.- Mortero base   *Fig.119.- Colocación de tableros*

Fig.120.- Nivelación de los tableros   *Fig.121.-Base completada*

A2.- Trazaremos una línea a todo lo largo y centrada en lo ancho de la superficie de tableros.

Para trazar la línea, lo más apropiado es, utilizar un trazador "tiralíneas", se encuentra en ferreterías, muy utilizado en las obras de construcción.Fig.122.

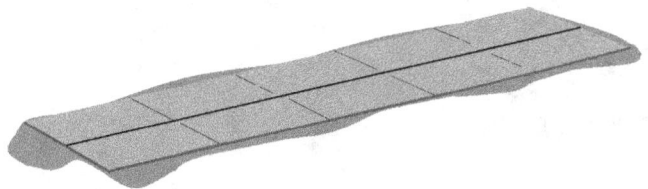

Fig.122.- Trazado de la línea central

A3.- Situaremos unos tablones de madera debajo del lastre de la embarcación, típicos tableros de las obras, para que se repartan mejor el peso de la embarcación sobre la base de madera que hemos hecho.Fig.123.

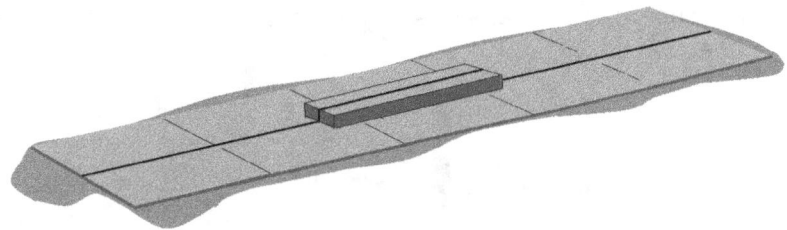

Fig.123.- Colocación de tablones de reparto de cargas.

A4.- Una vez realizada y nivelada la base con tableros de madera, situaremos la embarcación encima.

El mortero tiene que estar endurecido, para evitar movimientos de los tableros. Marcaremos sobre los tablones colocados una línea longitudinal, marcada en la superficie. Fig.124

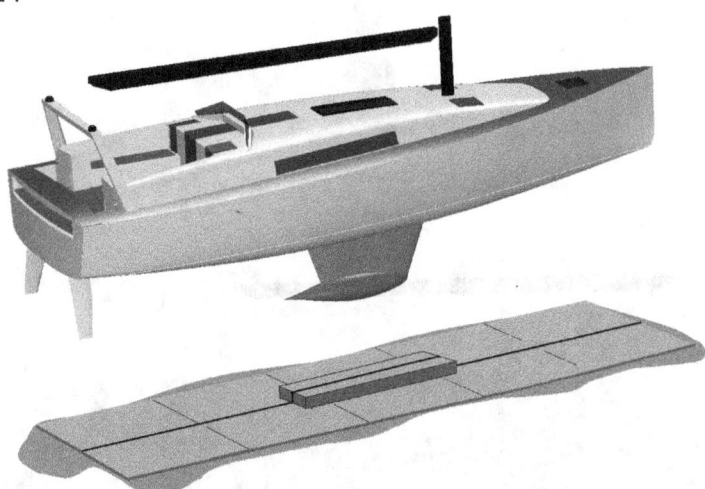

Fig.124.- Colocación de la embarcación

A7.- Colocamos la embarcación, situando el centro del bulbo, que habremos marcado anteriormente, sobre la línea trazada.Fig.125

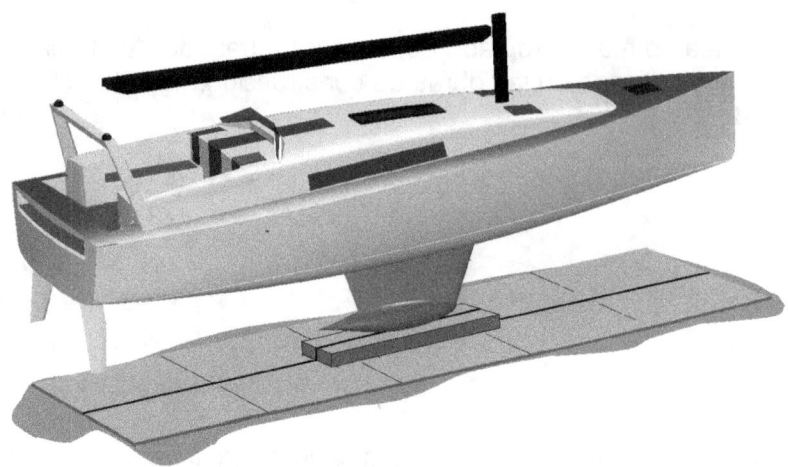

Fig.125.- Colocamos centrando el bulbo en la línea.

A8.- Nivelamos la embarcación transversal y longitudinalmente, colocando niveles como indica la imagen.Fig.126 y127.

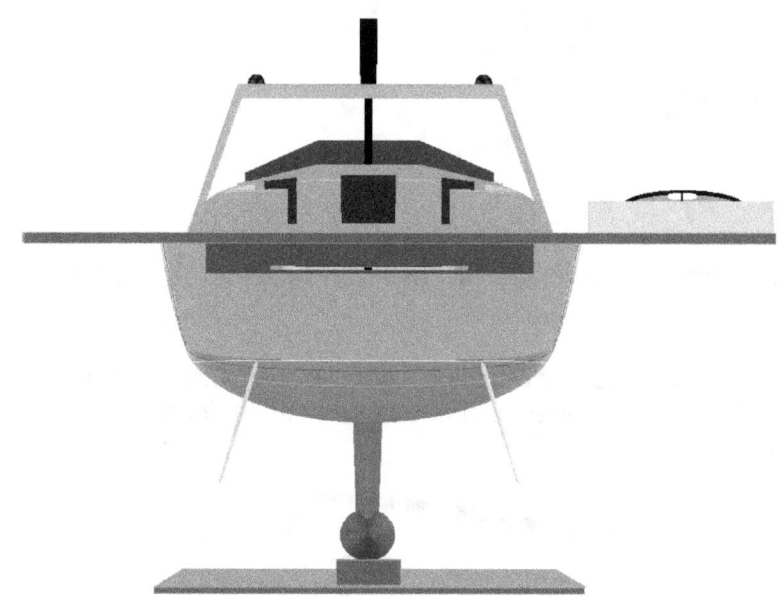

Fig.126.-Nivelación transversal

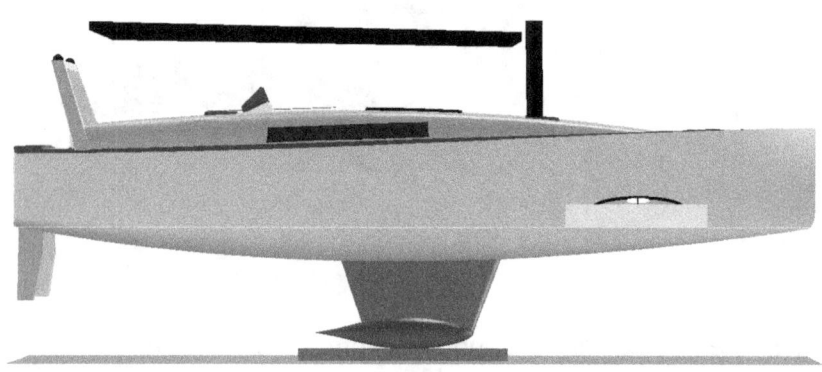

Fig.127.-Nivelación longitudinal

A9.- La línea de flotación, que será la marcada en el casco, la situaremos completamente horizontal a los tableros, que arán la función de superficie de referencia. Mantendremos una misma altura **H**.Fig.128

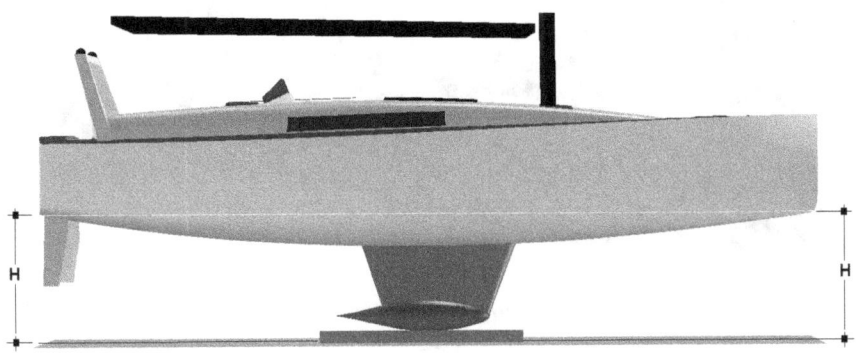

Fig.128.- Línea de flotación a la misma altura H.

A10.-Una vez acabados los trabajos de nivelación, apuntalaremos la embarcación, dejando espacio para realizar los trabajos de medición de las secciones transversales y longitudinales.Fig.129

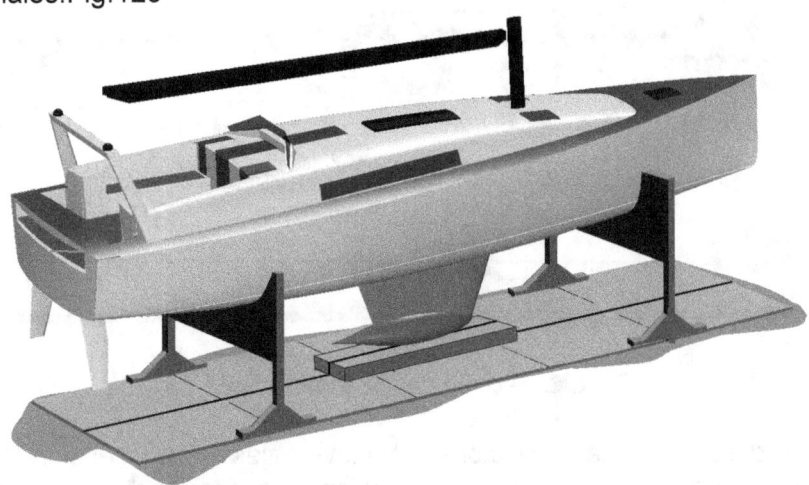

Fig.129.- Apuntalamiento de la embarcación

A11.- Para encontrar los puntos de las secciones transversales y longitudinales, trazaremos líneas paralelas a una distancia **L1**, por ejemplo de **1**m, que sean perpendiculares a la línea longitudinal central.Fig.130.

A12.-Situaremos en cada línea transversal, varios puntos del casco, referentes a la parte sumergida, añadiendo **30** cm, más por encima de la línea de flotación **LF**, que iremos bajando de la forma indicada en la imagen, mediante una plomada que colocamos en el casco siguiendo la línea trazada en los tableros, anotando los puntos en dicha línea transversal del tablero, midiendo la longitud (**d1,d2,d3,...**) de cada punto, desde la línea longitudinal central hasta el punto que indiquemos con la plomada.(**h1,h2,h3,..**).Fig.130

A13.- Mediremos en cada punto la altura vertical de este, desde el casco al suelo de los tableros de referencia (**h1,h2,h3,..**), siguiendo el trazo de la línea transversal. Ver imagen. Fig.130

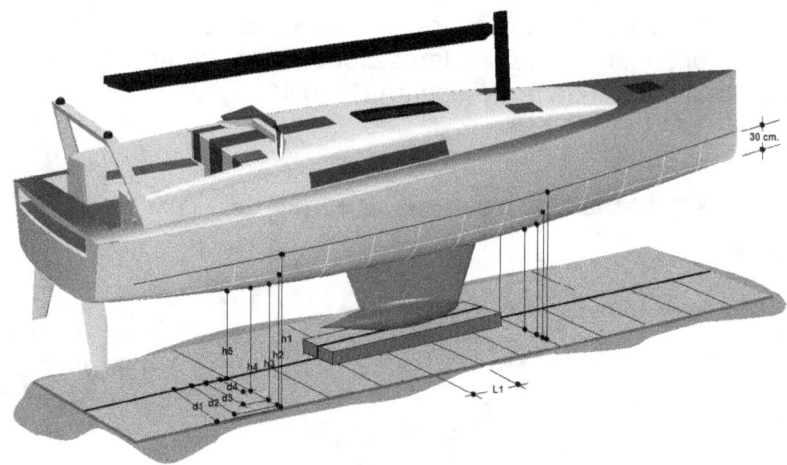

Fig.130.- Secciones transversales casco

A14.- Una vez anotados los datos, dibujaremos y marcaremos los puntos obtenidos para trazar las secciones transversales y longitudinales.Fig.131

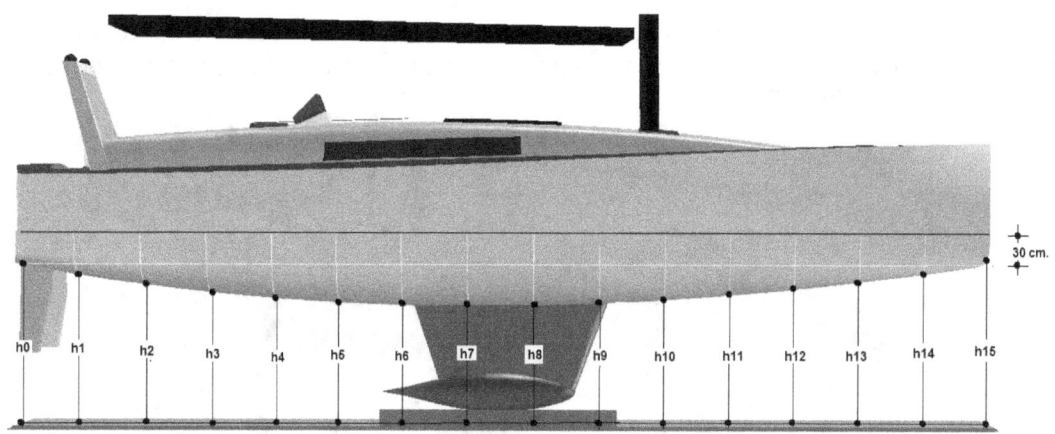

Fig.131.-Sección del eje longitudinal.

A15.- Una vez trazadas las secciones transversales y la sección longitudinal exportaremos los datos a un programa náutico tipo **Maxsurf**, para encontrar el desplazamiento o bien lo calcularemos directamente.

B.- GRUESO DEL CASCO

B1.- El procedimiento más rápido y más exacto consiste en perforar el casco en varios puntos, a nivel de la línea de flotación **LF**, atreves de la perforación medir el grosor del mismo.

B2.-Posteriormente se tapa las perforaciones, si es de madera, con un tapón de madera impregnado con resinas tipo **EPOXI**, si es de poliéster, con fibra de vidrio con resina y si es metálico, soldándolo.Fig.132

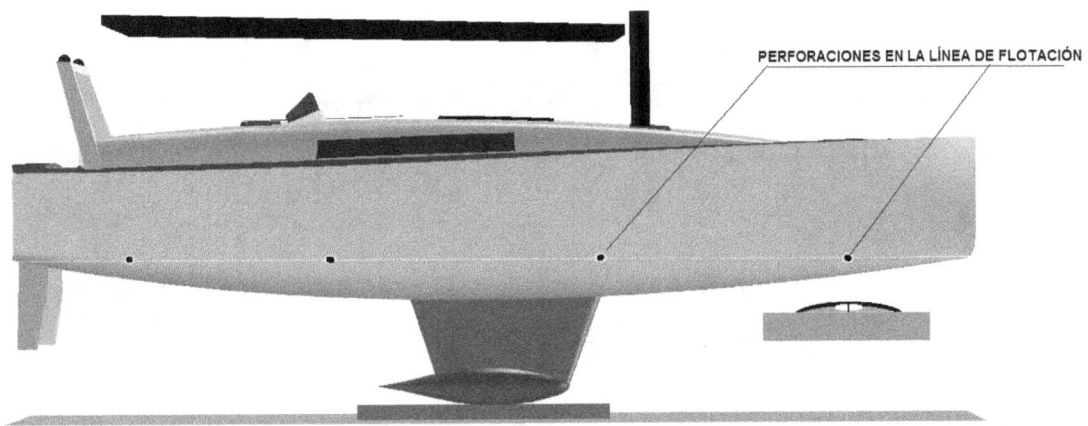

Fig.132.-Peforaciones casco, en la línea de flotación (LF)

C.- VOLÚMENES SÓLIDOS Y HUECOS

C1.- La forma más rápida y exacta de encontrar los volúmenes huecos y sólidos, sería, para los huecos, llenar la embarcación de agua por dentro hasta la línea de flotación **LF**, que hemos indicado en el interior, con las perforaciones, realizadas el apartado anterior que nos servirán de control del agua interior para que esta no pueda sobrepasar la **L.F**, por sobresalir por las perforaciones, de esta manera el volumen interior libre será exacto.Fig.133.

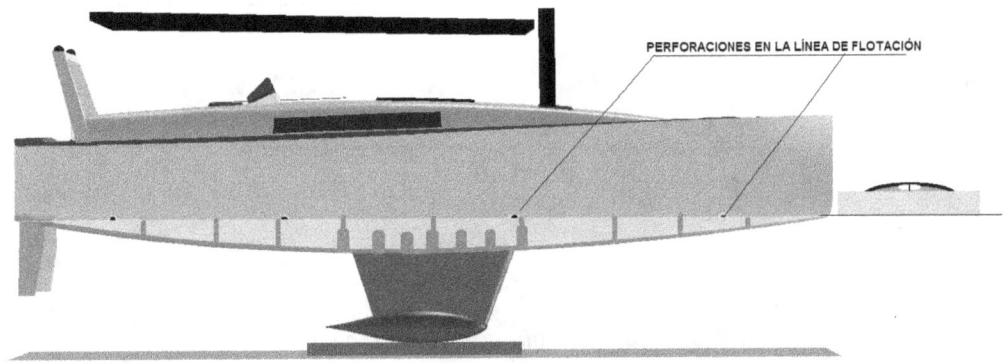

Fig.133.- Volúmenes interiores (A+B+C+F)

C2.- Realizar el vaciado del interior de la embarcación controlando el peso del agua que vayamos desalojando. Si es agua potable optaremos por la **Densidad= 1t. /m3**, y si es de agua de mar por la **Densidad =1,025 t/m3**, para los cálculos del **IRF.**

C3.- Para encontrar los sólidos, lo haríamos con el volumen total desplazado restándole el volumen del grueso del casco y del volumen de agua obtenido. Esto nos daría los volúmenes interiores, quedando por determinar el tipo de sólidos que son, de baja o de alta densidad respecto al agua.

Para determinar la cantidad de los sólidos, si son de baja o alta densidad, siempre hay que optar a favor de la densidad alta. Consideraremos todos los sólidos como de alta densidad, multiplicándolos por la densidad del agua **Da=1,025 t/m3**

Las mediciones realizadas al casco nos permitirán realizar las secciones transversales, correspondientes a la obra viva, a la zona sumergida.Fig.134.

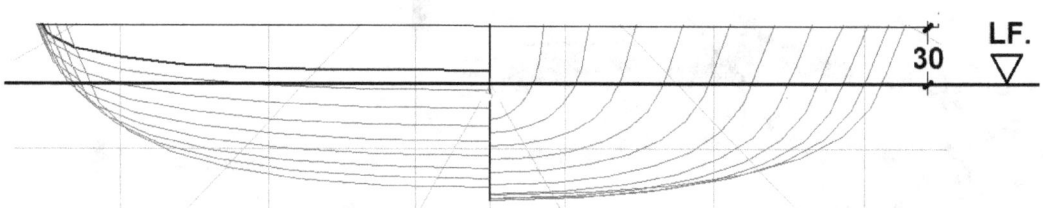

Fig.134.- Secciones transversales, obra viva

Con las secciones transversales podremos calcular el volumen del casco aplicando el Método **Simpson** o el de **Tchebychev,** pudiendo hacerlo directamente o bien introducir los datos obtenidos en un programa tipo **Maxsurf** o similar.Fig.135

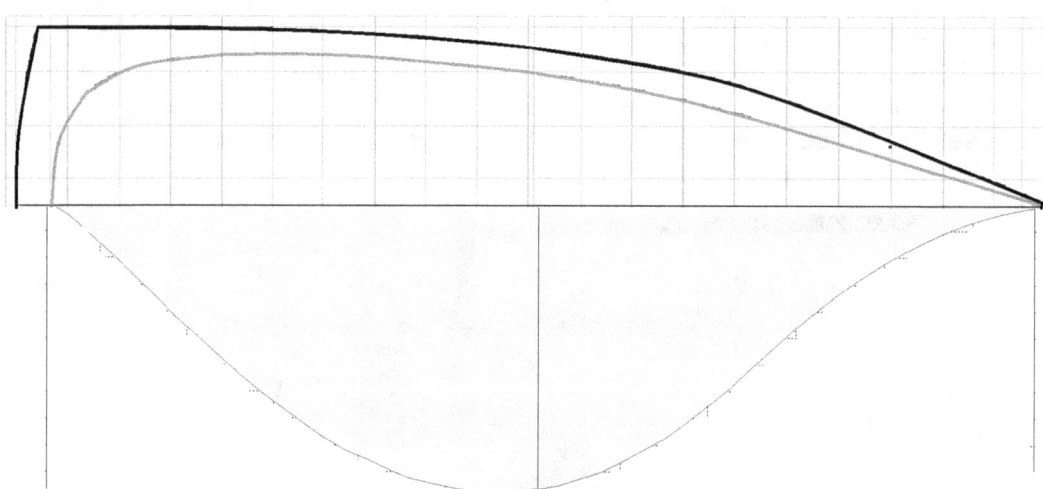

Fig.135.- Cálculo volumen del casco sumergido

D.- LOS APÉNDICES

D1.- La pala del timón se puede calcular numéricamente, si tiene formas definidas, de lo contrario, tanto la pala del timón como el lastre se verificaran los desplazamientos del agua, en un recipiente.

Para saber el volumen del lastre, haremos alrededor de este una caja en forma de cubo rectangular, que tenga toda la altura del lastre, apuntalándolo con tablones de madera y en su interior colocaremos un plástico, para evitar fugas de agua.Fifg.136

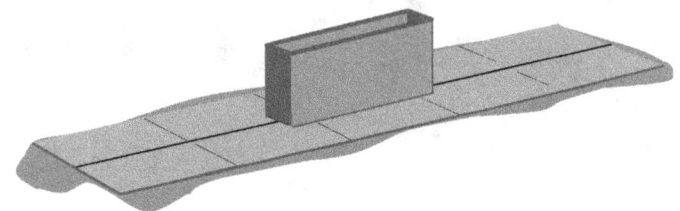

Fifg.136.- Recipiente con un volumen de agua en su interior.

D2.- Procedemos a introducir el lastre en su interior.Fifg.137.

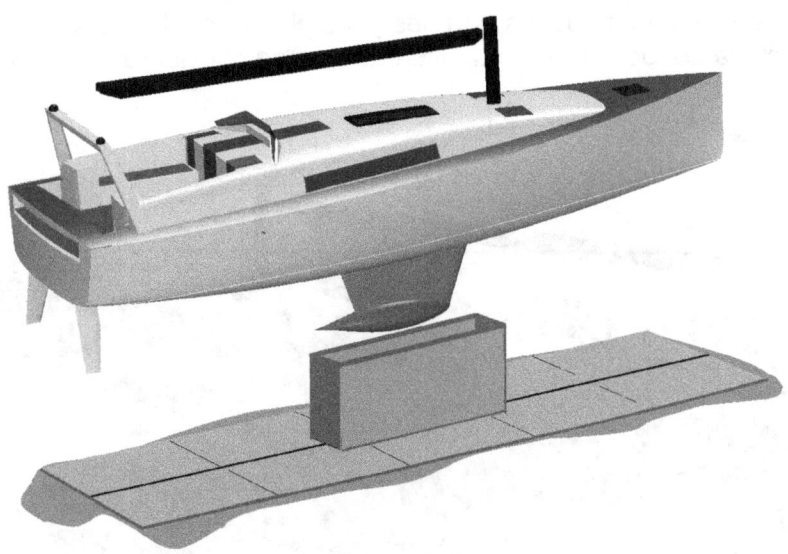

Fig.137.- Formación de una caja de madera.

D3.- Colocada la embarcación, llenaremos el cubo de madera con agua, cubriendo totalmente el lastre, hasta que se desborde por la parte superior Fifg.138.

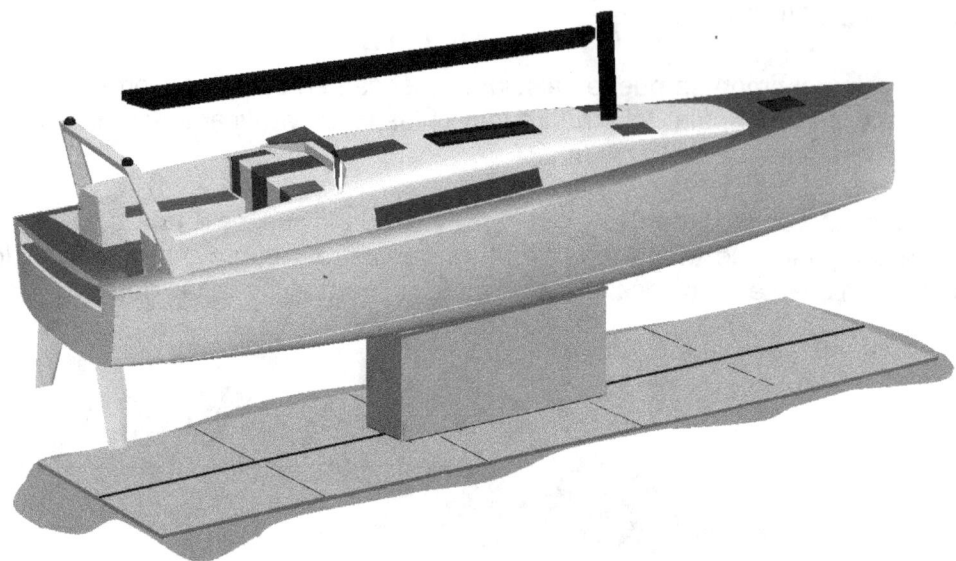

Fig.138.-Colocación de la embarcación..

D4.- Las paredes de la caja tienen que tener todas a la misma altura y deben estar niveladas. Una vez apoyado el casco sobre la caja, seguramente existirá una pequeña diferencia entre las alturas de las paredes y las alturas del lastre en los dos extremos debido a la curvatura del casco. Esta diferencia no se considerará.Fig.139

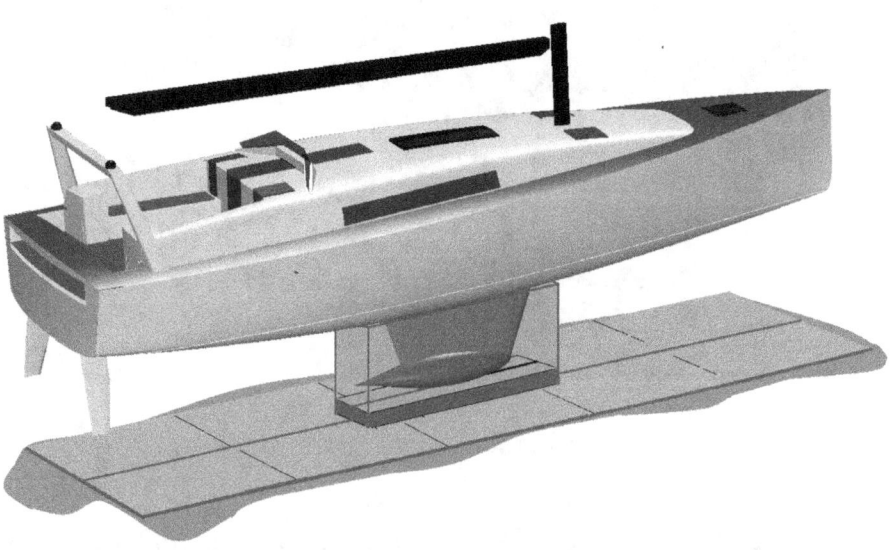

Fig.139.-Llenado de agua.

D5.- Extraemos la embarcación de la caja la volvemos a marcar el nivel del agua perimetralmente, si las paredes son iguales, el entorno del agua, será la parte superior de las paredes. La diferencia entre los dos niveles **H** por la superficie rectangular de la caja nos dará el volumen del lastre.Fifg.140-141.

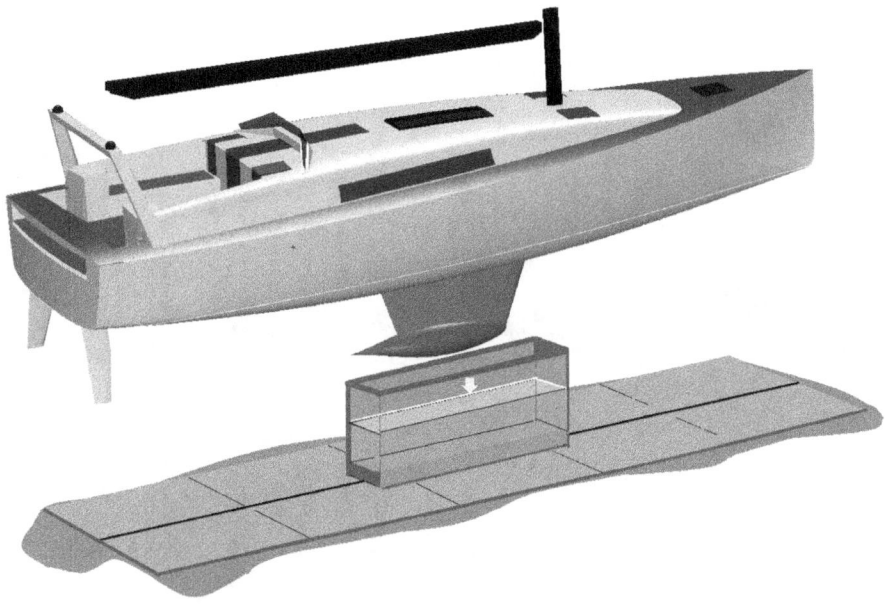

Fig.140.- Marcado del nivel del agua.

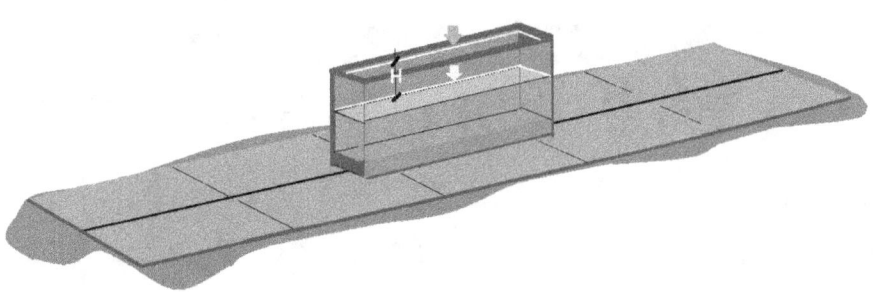

Fig.141.- Diferencia de niveles = H.

D6.-Hacemos lo mismo con la pala del timón, llenando de agua solo hasta la línea que indica que es la parte sumergida marcada por la **LF**.

Recopilados todos los datos que hemos obtenido de la embarcación, aplicaremos los procedimientos indicados en los Métodos **1** y **2**, para buscar la altura de la franja **F1** y **F2**.

INSUMERGIBILIDAD
CUERPOS HUECOS SIMPLES

CUERPOS HUECOS INSUMERGIBLES

CUERPOS HUECOS SIMPLES

1.- Tenemos una caja metálica, que forma con el grueso de sus paredes un volumen sólido **v1** con un peso y con densidad superior a la del agua, esto hace que se hunda en el agua.

2.- Dentro de la caja metálica tenemos un volumen hueco **v2**, que consideramos solo la parte sumergida del aire interior.

3.- La suma de los dos volúmenes anteriores el **v1** y **v2**, nos da el volumen total sumergido **vt**.

Lo que representa también el volumen de agua desplazado **Va**. Fig.142

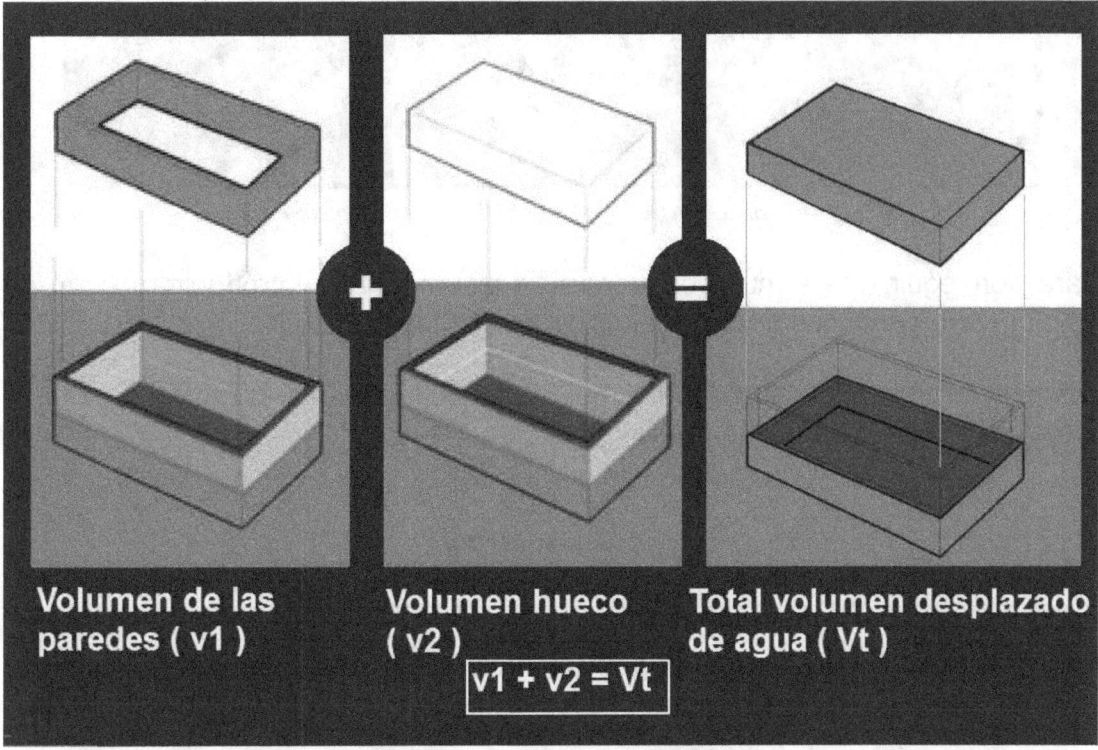

Fig.142.- Volumen total desplazado.

El peso del **v1 = p1**
El peso p1 con densidad superior a la del agua (**metal**)

El peso del **v2 = p2**
El peso p2 con densidad inferior a la del agua (**aire**)

El peso del **vt = pt**
El peso pt con densidad igual a la del agua (**agua**)

CUERPOS HUECOS INSUMERGIBLES

Para evitar la entrada de agua al interior de la caja, ocupando el volumen hueco de esta y provoque el hundimiento de la misma, introduciremos una espuma de baja densidad que sobre pase ligeramente la línea de flotación, con el fin de que compense este suplemento del volumen y el peso del mismo, como ya veremos más adelante en la aplicación del método de cálculo de la insumergibilidad de las embarcaciones.Fig.143

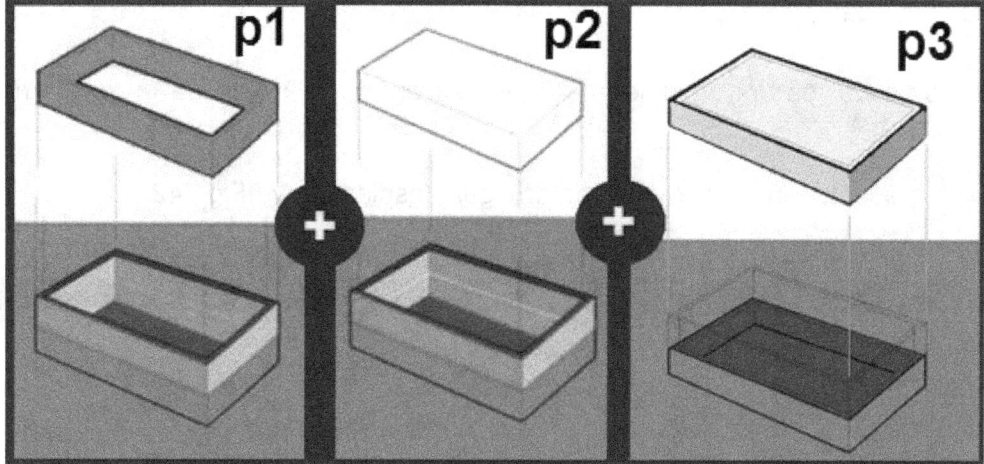

Fig.143.-p1=peso paredes; p2= peso hueco; p3= peso espuma

Para conseguir que el cuerpo hueco sea insumergible, introduciremos en su interior un material con densidad inferior a la del agua.

Los pesos **p1+p2+p3** será igual al peso total del agua desplazada **P a**.
Siendo **p3** el peso de la espuma.

$$p1+p2+p3 = Pa$$

La pieza hueca llena de agua no podrá hundirse, siendo insumergible.Fig144

Fig.144.-p1=peso paredes; p2= peso hueco; p3= peso espuma

INSUMERGIBILIDAD
EMBARCACIONES

INSUMERGIBILIDAD DE UNA EMBARCACIÓN

Cálculo – IRF

Paso a explicar, con un ejemplo práctico, el cálculo de la **IRF**, para que la embarcación sea insumergible con recuperación de la flotabilidad prevista. Dicho de otra manera, para que recupere totalmente la línea de flotación diseñada en el proyecto y que cómo consecuencia deje totalmente sin agua el interior de la embarcación.

En contra de algunos comentarios escritos que he leído en algunas publicaciones, estos argumentaban el alto costo que suponía hacer una embarcación insumergible, junto a la gran pérdida de espacios interiores. Tengo que decir al respecto a esto, nada más lejos de la realidad, ya que los costos serían los mismos o inferiores a los que pudieran existir en la construcción de una embarcación de las características que estamos tratando, dependiendo estos en gran parte del diseño de la misma. No es lo mismo diseñar una embarcación partiendo con los mismos materiales de **12,20** m de eslora cuyo desplazamiento sea **6** t, que el diseño de otra de la misma eslora cuyo desplazamiento sea de **8,5** t, esto nos da una diferencia de **2,5** t, equivalente a un **29,41 %** más de peso, lo que implica que hay más material, por lo tanto, más coste.

Antes de pasar al cálculo propiamente dicho, mediante un ejemplo, definiremos unos conceptos que conviene tener claros y el procedimiento a seguir paso a paso.

Procedimiento:

1.- Consideremos una embarcación que está flotando en el agua, con un volumen sumergido de la misma y que desplaza un volumen de agua, cuyo peso equivaldría al peso de la embarcación con toda su carga, según el principio de Arquímedes Fig.145-146.

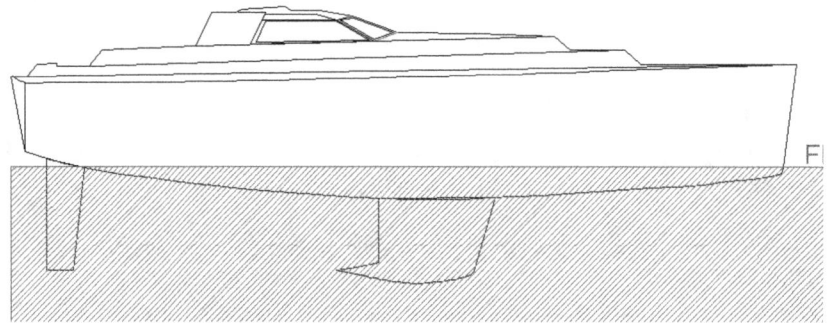

Fig. 145.-Embarcación flotando en el agua

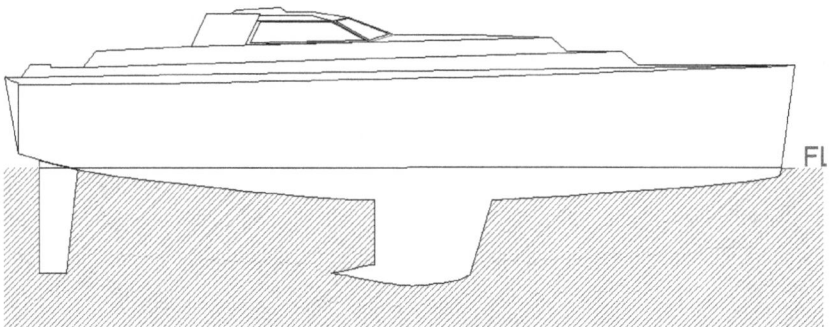

Fig. 146.-Embarcación flotando en el agua

2.-Imaginemos que levantamos la embarcación a un nivel por encima del mar, dejando un hueco en el agua con las formas exactas de los volúmenes sumergidos de la embarcación. Fig.147-148.

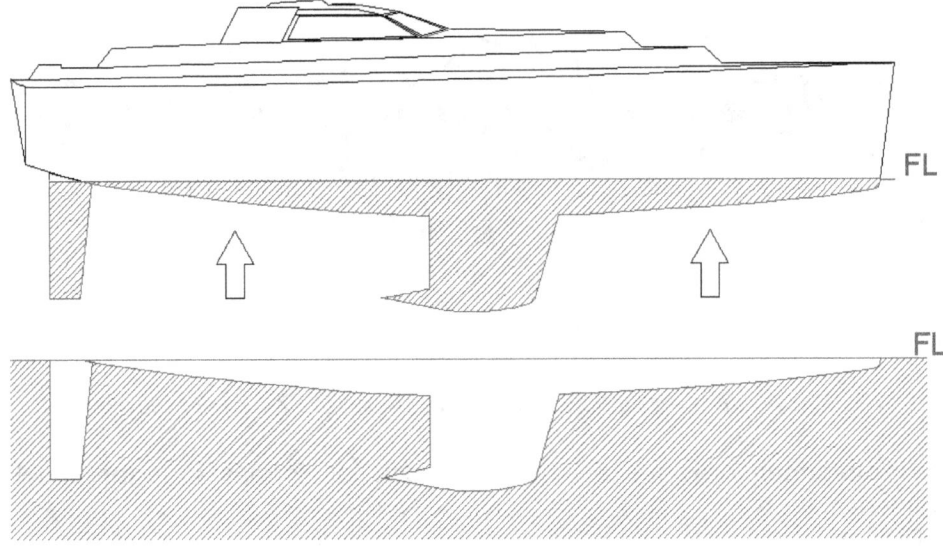

Fig. 147.-Extracción del agua

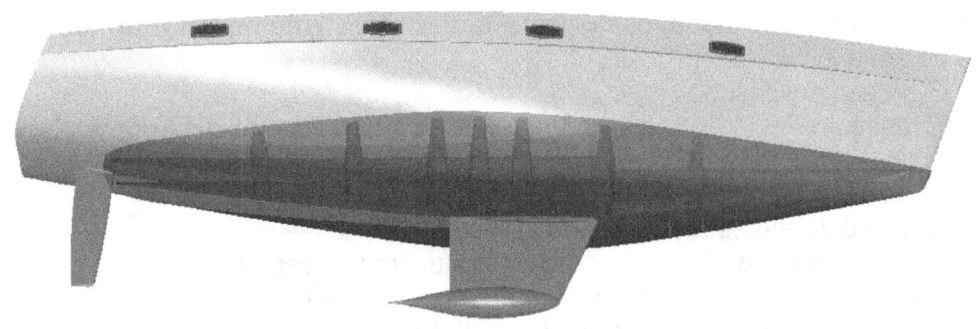

Fig.148.-Desplazamiento de la embarcación

3.- Supongamos que los volúmenes desplazados de agua, los podemos aislar con las formas exactas de la carena junto a los apéndices de la misma, lastre, hélices, pala del timón y casco.Fig.149-150.

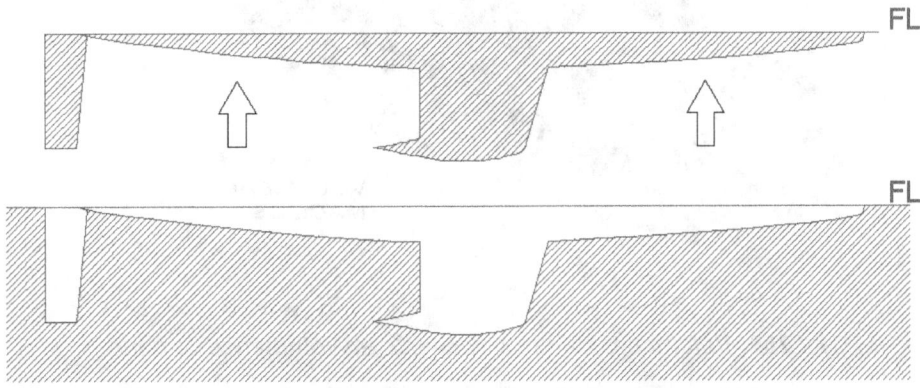

Fig.149.-Desplazamiento volumen de agua

Fig. 150.-Volumen desplazado de agua con la forma de la embarcación

4.-Estos **volúmenes** de agua que aislamos con las formas **exteriores** del casco, comprenden:
- El lastre,
- La pala del timón,
- Los apéndices de la hélice.

Los volúmenes mencionados, contienen a la vez otros **volúmenes internos** con sus formas de agua:
- El grueso del casco,
- El lastre,
- El grueso del forro de la pala del timón y su eje,
- La espuma de relleno de la pala del timón,
- El hueco donde está emplazado el motor,
- Los volúmenes de los gruesos de los refuerzos (varengas),
- El hueco de la sentina donde estará emplazado el **IRF,**
- Por último añadiríamos los espacios de los huecos vacíos existentes hasta la línea de flotación .Fig.151-152.

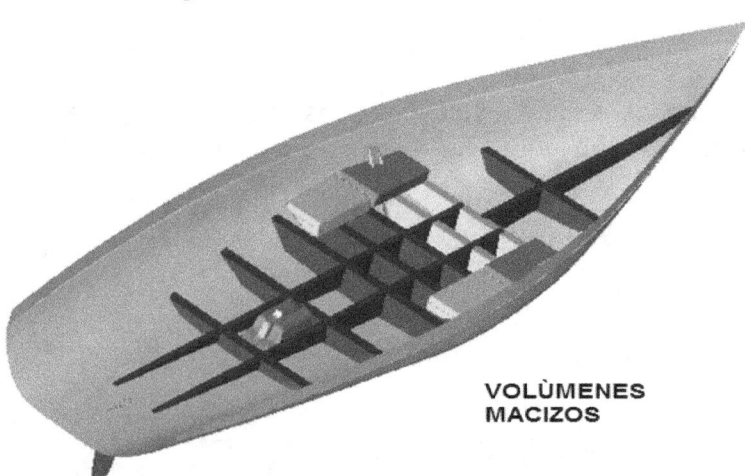

Fig. 151.-Volumenes sólidos a convertir en volúmenes de agua.

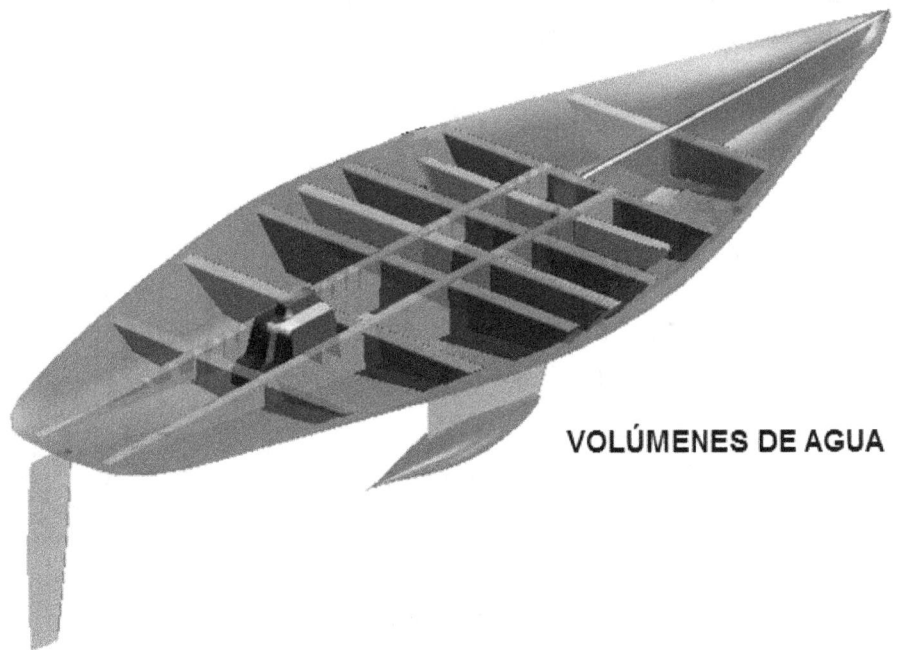

VOLÚMENES DE AGUA

Fig. 152.- volúmenes internos transformados sus formas en volúmenes de agua

La suma de todos estos volúmenes de agua indicados en el punto anterior **4** nos da el volumen total desplazado por los elementos macizos de la embarcación, si estos los multiplicamos por la densidad del agua, nos dará los pesos de los volúmenes de agua.

Como los espacios huecos **v7**, exceptuado el hueco del motor y el de la sentina (dado que no van llenos de espuma), los multiplicaremos por la densidad de la espuma que colocaremos, dará un segundo peso, éste sumado al anterior será el peso total de los volúmenes situados por debajo de la línea de flotación. Fig. 153, Fig. 154 y Fig.155.

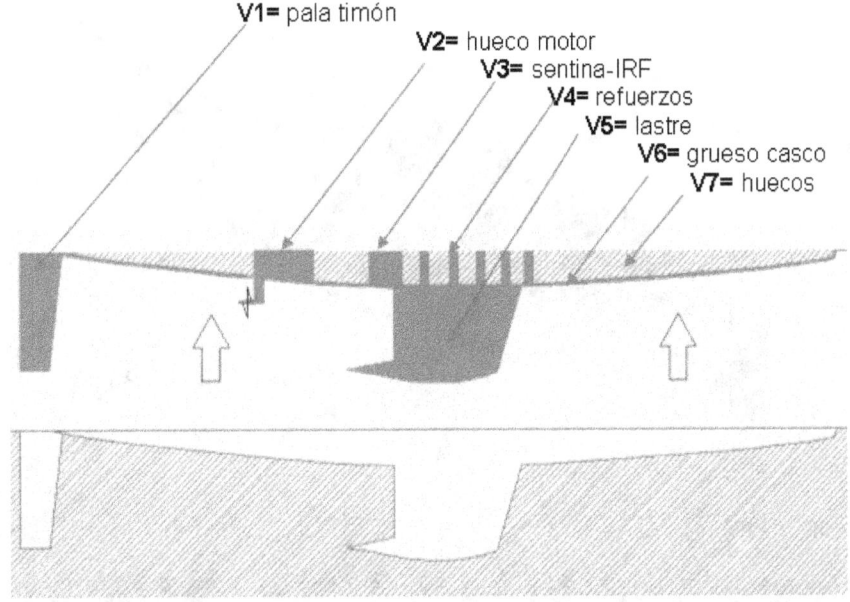

Fig.153. Sección longitudinal de los volúmenes internos y externos

PRINCIPIOS N°01
PRINCIPIOS DE INSUMERGIBILIDAD IRF

Volumen total de agua desplazada por los elementos macizos = **V t**
Volúmenes de agua internos, equivalente a los volúmenes macizos **v1, v2, v3, v4, v5** y **v6**.

DATOS:
Volumen de espuma = **v7**
Densidad del agua = 1,025 t/m3 = **Da**
Densidad de la espuma = 0,045 t/m3 = **De**
Peso total de la embarcación, peso del volumen desplazado = **P t**

$$V\,t = v1 + v2 + v3 + v4 + v5 + v6$$
$$v7$$

$$p\,1 = V\,t \times Da$$
$$p\,2 = v7 \times De$$

$$Pt = p1 + p2$$

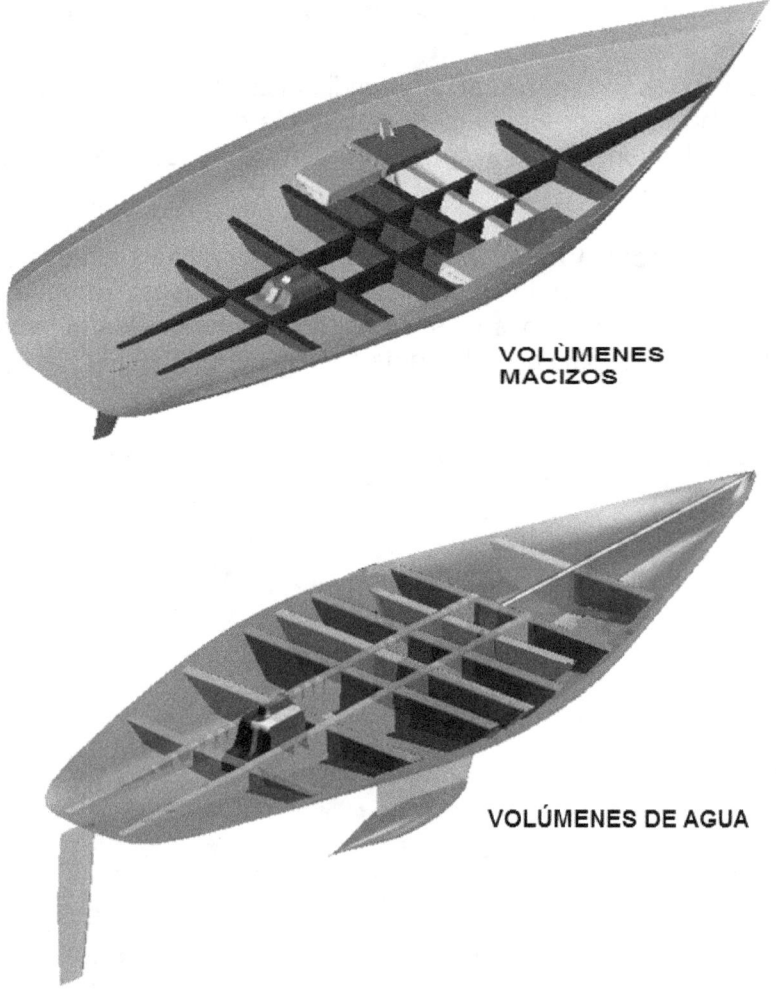

VOLÚMENES MACIZOS

VOLÚMENES DE AGUA

Volúmenes de agua de las formas interiores **v1, v2, v3, v4, v5** y **v6**
Volumen de huecos = **v7**

Fig.154. Vista en perspectiva de los volúmenes internos de agua

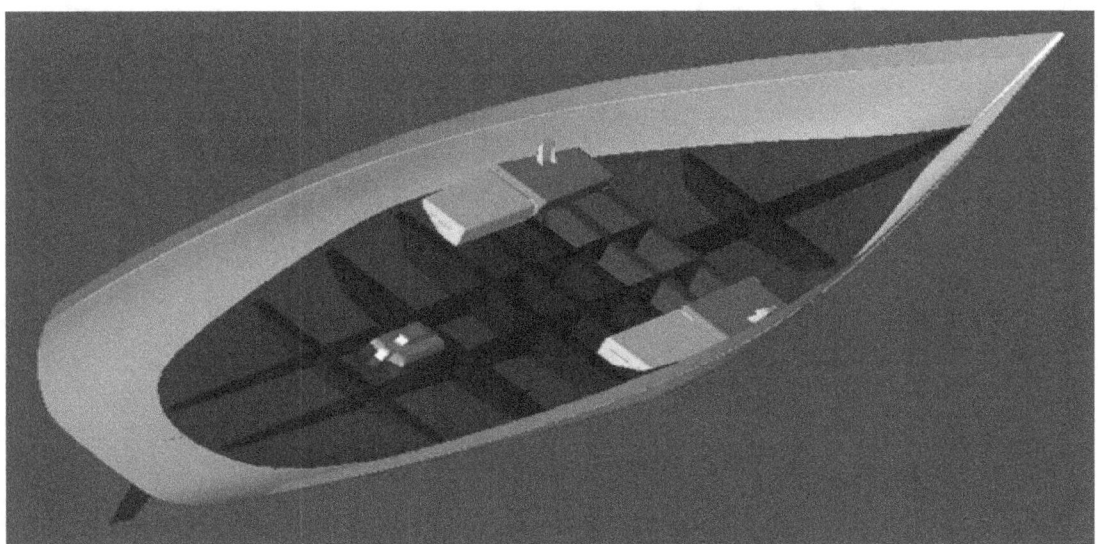

Volumen total de agua desplazada =Vt
V t = v1+ v2+v3 +v4+v5 +v6+v7

Fig.155. Vista en perspectiva del volumen total de agua

5.- Los espacios de los huecos de aire existentes entre los volúmenes sólidos, los tendremos que rellenar con espuma de células estancas de muy poca absorción de agua y baja densidad, sellando después estos espacios, por la parte superior con una fina lámina de fibra de vidrio con resinas para conseguir una total estanqueidad, a excepción del volumen del hueco donde se emplaza el motor y el hueco de la sentina, que podrían ser ocupados por el agua, en caso de una inundación Fig.156-157

Fig. 156. Vista general del interior relleno de los huecos con espuma

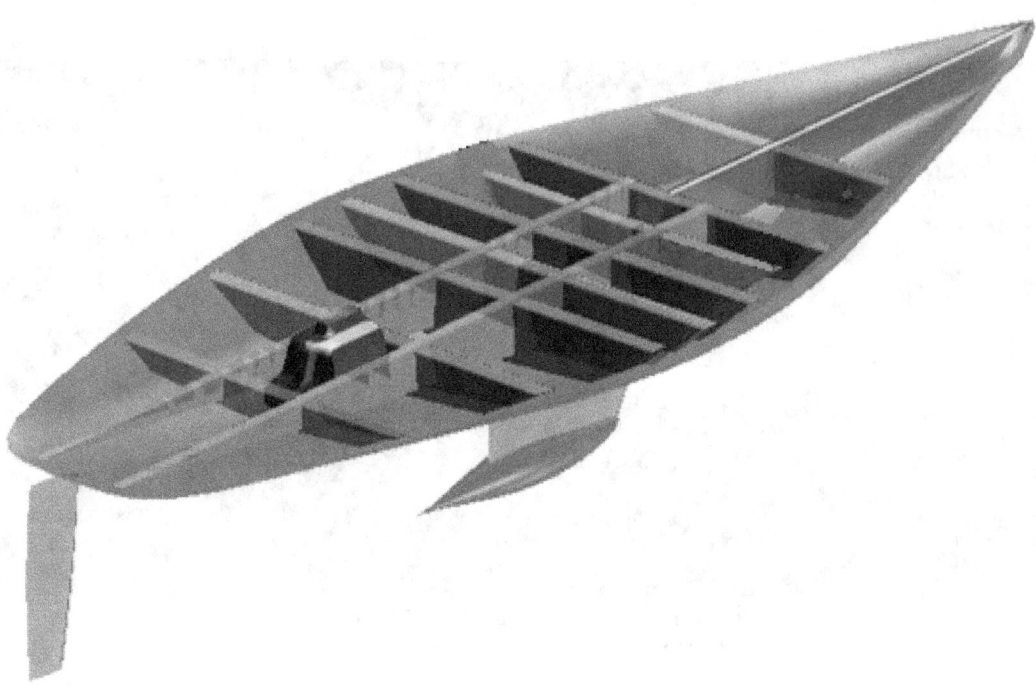

Fig. 157. Vista general del interior relleno de los huecos con espuma

EJEMPLO PRÁCTICO – IRF

CALCULO DE LOS VOLÚMENES

Comentados los conceptos del procedimiento a seguir en el cálculo, procesamos el diseño y calculamos los volúmenes obteniendo los siguientes datos:

v1- Forro de fibra de vidrio y resinas del recubrimiento de la espuma de la pala del timón.

Volumen =0,0083 m3

v2.- Volumen del espacio vacío donde está emplazado el motor.

Volumen =0,165 m3

v3.- Volumen del espacio vacío donde está la sentina y la conexión con el mar, a través del casco.

Volumen =0,04 m3

v4.- Los volúmenes de los refuerzos de poliéster y de acero inoxidable.

Volumen =0,226 m3
Volumen =0,091 m3

v6.- El volumen del casco macizo de poliéster.

Volumen =0,758 m3
Volumen =0,282 m3

v7.- El volumen de las zonas libres, ocupada por la espuma incluida la espuma de la pala del timón.

Volumen = 6,0472 m3

La suma de todos los volúmenes (**v1, v2, v3, v4, v5** y **v6**) de agua desplazada de los distintos elementos que la forman, multiplicándolos por la densidad del agua, encontraremos los pesos, más el volumen (**v7**), correspondiente a los huecos existentes que se rellenaran con espuma de baja densidad, y que por ser inferior a la densidad del agua, lo multiplicaremos por la densidad de la espuma para determinar el peso de la misma, y conseguir una reserva de flotabilidad.**TABLA N°2**.

EJEMPLO PRÁCTICO – IRF

PRINCIPIOS DE INSUMERGIBILIDAD IRF

TABLA Nº2

	VOLUMENES DE AGUA y PESOS			
SITUACIÓN	FORMAS	Densidad t/m3	Volumen (v) M3	Peso (p) t.
v1.-Forro y eje ge la pala del timón		Agua 1,025	**0,0083**	**0,0085**
v2.-El volumen del espacio vacío, donde está emplazado el motor	Motor	Agua 1,025	**0,165**	**0,169**
v3.-El volumen del espacio vacío de la sentina	Sentina	Agua 1,025	**0,04**	**0,041**
v4.-Los volúmenes de los refuerzos de poliéster y acero inoxidable		Agua 1,025	**0,226** **0,091**	**0,232** **0,093**
v5.-Los volúmenes de la orza y bulbo		Agua 1,025	**0,286**	**0,293**
v6.- El volumen del casco macizo de poliéster		Agua 1,025	**0,758** **0,282**	**0,777** **0,289**
v7.-Zona libre vacía que será ocupada por espuma incluye la espuma de la pala		Espuma 0,045	**6,0472**	**0,272**
TOTAL	Pt=p1+p2+p3+p4+p5+p6+p7		**7,899**	**2,174**

115

6.- Una vez tengamos el peso total **Pt,** (Peso total de todos los pesos de los elementos que lo forman), determinaremos el volumen de espuma equivalente a éste por encima de la línea de flotación, con una altura **H** que compense como reserva de flotabilidad el **Pt** obtenido.

Para lo cual vamos a encontrar el peso que supone el hundimiento de **1**cm del casco, multiplicaremos la superficie plana del área a nivel de la línea de flotación en metros cuadrados por **0,01** m. = **1** cm, que nos dará el peso **P** hundido por **1** cm de altura, multiplicándolo por la densidad del agua **Da**, obtendremos el peso **Pt**, que supone el hundimiento de **1** cm

$$Pt = Sup. \times Da$$

Una vez obtenido el peso de hundimiento de un centímetro **P**, dividiremos el **Pt** por éste, dándonos la altura **H**

$$H = Pt / P$$

Aplicaremos lo dicho anteriormente en el diseño que estamos realizando como ejemplo.
Fig. 158.

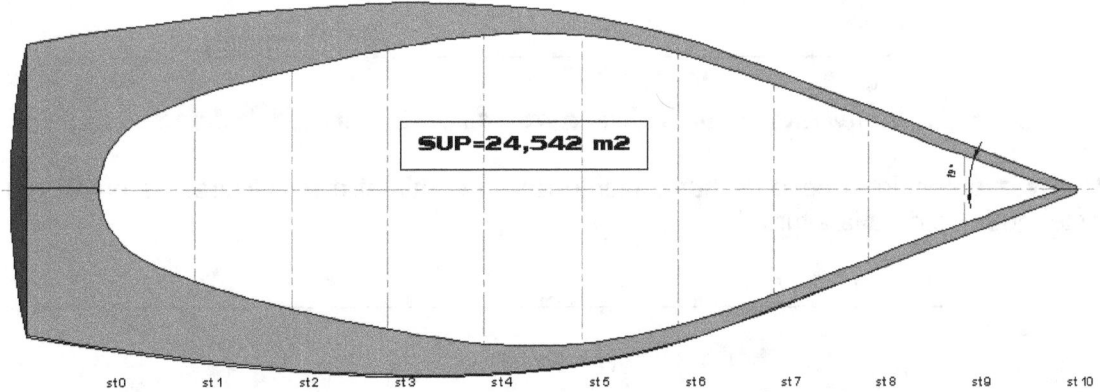

Fig. 158. Superficie del área plana correspondiente a la línea de flotación

CÁLCULO DE LA ALTURA

Superficie del área plana a nivel de la línea de flotación **SUP.= 24,542 m2**
El volumen **V** de **1**cm de hundimiento.

$$V = SUP. \times 0,01 \text{ m}$$

$$V = 24,542 \text{ m2} \times 0,01 \text{ m} = \mathbf{0{,}24542} \text{ m3}$$

El peso del volumen **V** de **1**cm de hundimiento **P**

Densidad del agua = **Da** = 1,025 t/m3

P = V x Da

P = 0,24542 x 1,025 = **0,252** t/cm ⬅

Si lo comprobamos procesándolo con un programa informático, tipo **Maxsurf** o similar, obtendremos el mismo resultado. Fig.159.

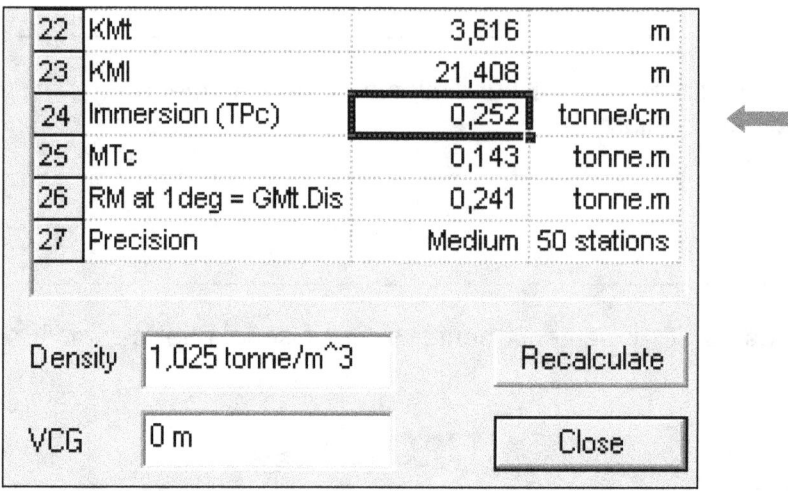

Fig. 159. Superficie del área plana correspondiente a la línea de flotación

Una vez obtenido el peso de hundimiento de un centímetro **P**, dividiremos el **Pt** por éste, que nos dará la altura **H**.

H = Pt / P

H = 2,174/ 0,252 = 8, 62 cm

H = 8, 62 cm

La altura por encima de la línea de flotación necesaria para que la embarcación sea totalmente insumergible y pueda recuperar por sí sola la línea de flotabilidad, en caso de una entrada de agua en su interior, será:

H = 8,62 cm

Con el fin de ajustar al máximo los cálculos, una vez encontrada la altura (**H**), encontraremos el peso que supone dicho volumen de la franja, multiplicándolo por la densidad de la espuma.

V H = Volumen total de la franja de altura (**H**)
PH = Peso total volumen de la franja de altura (**H**)
SUPLF = Superficie plana a nivel de la línea de flotación
De = Densidad de la espuma = 0,040 t/m3

V H = SUPLF x H
V H = 24,542 x 0, 0862= 2, 11 m3

PH = V H x De
PH = 2,11 x 0,045 = **0,095 t**

Hf =Altura total de la franja necesaria para conseguir un comportamiento de la embarcación sea totalmente insumergible, con recuperación de la flotabilidad, **IRF**.

El peso del volumen de 1cm de hundimiento = P1cm
Densidad del agua = Da = 1,025 t/m3

P1cm = **V** 1cm x **Da**

P1cm = 0,24542 x 1,025 = 0,252 t/cm

P1cm=**0,252** t/cm ⬅

La altura total de la franja será:

$$Hf = \frac{PH + Hf}{P1cm}$$

$$Hf = \frac{0,095 \text{ t} + 8,62 \text{ cm}}{0,252 \text{ t/cm}}$$

Hf = 8,97 cm
Adoptamos la altura total de **Hf** = 9 cm.

La altura encontrada de la franja por encima de la línea de flotación, junto al relleno de los volúmenes situados por debajo de ésta, nos harán la embarcación insumergible, pudiendo recuperar la flotabilidad en caso de hundimiento.Fig.160

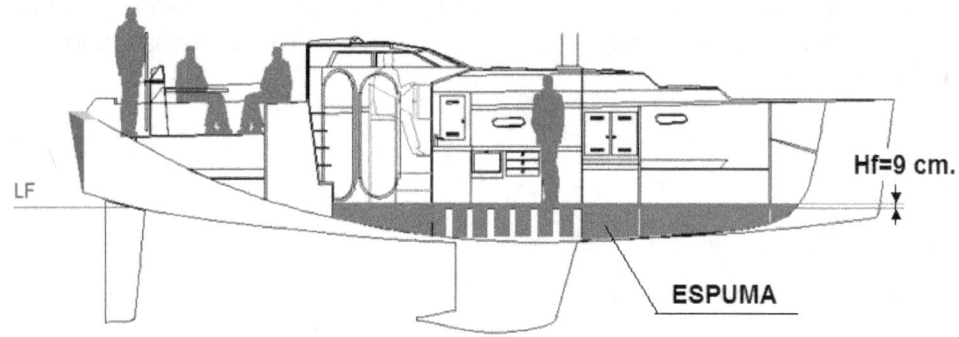

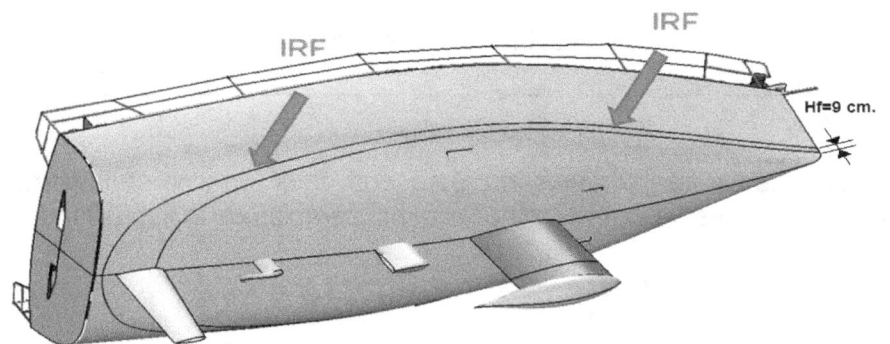

Fig.160. Altura necesaria por encima de la línea de flotación Hf =9cm

Como seguridad se puede acoplar un coeficiente al resultado, que cubra las posibles diferencias en los cálculos, por ejemplo un **11%**, de coeficiente de seguridad que equivaldría:

DATOS:
Hf= Altura calculada de la franja
Ht=Altura total
Cs= Coeficiente de seguridad

Hf=9 cm
Cs=11%

Ht =Hf x Cs
Ht =9 + (11%x9) = 9 +0,99 = 9,99 cm ;

Redondeo **10 cm**

Ht =10 cm

Fig.161.

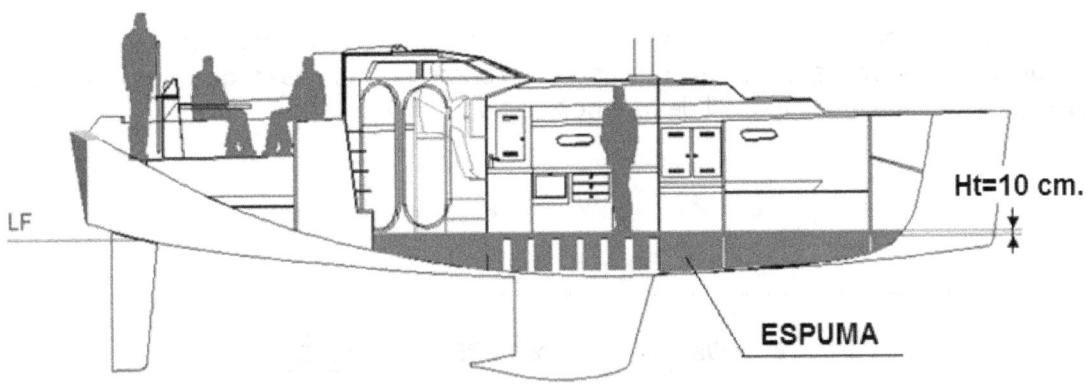

Fig.161. Altura necesaria por encima de la línea de flotación Hf =10cm

COMPROBACIÓN DEL -IRF

Realizado el cálculo, podemos verificar que este es correcto, que la embarcación es totalmente insumergible y recuperará la línea de flotación, para ello realizaremos las siguientes operaciones:

V H = Volumen total de la franja de altura (Hf)
v7 = Zona libre vacía que será ocupada por espuma incluye la espuma de la pala.
Ve = Volumen total de la espuma colocada.

> V H = 2,11 m3
> v7 = 6,0472 m3
>
> Ve = V H +v7 = 2,11 m3 + 6,0472 m3 = **8,15 m3** ⬅

Calculamos el volumen desplazado con un programa náutico tipo **Maxsurf** o similar y obtenemos. Fig.162

	Measurement	Value	Units
1	Displacement	8,096	tonne
2	Volume	7,899	m^3
3	Draft to Baseline	1,913	m
4	Immersed depth	1,913	m
5	Lwl	11,434	m
6	Beam wl	3,395	m
7	WSA	34,373	m^2
8	Max cross sect area	1,616	m^2
9	Waterplane area	24,542	m^2

⬅ VOLUMEN = 7,899 m3

Fig.162.-Volumen m3

Volumen de espuma, **Ve = 8,15 m3**, es superior al volumen desplazado =**7,899** m3. Vemos que el volumen de espuma calculado **Ve**, es superior al volumen desplazado por la embarcación.

El volumen de espuma, sería el volumen de reserva de flotabilidad de la embarcación, lo multiplicamos por la densidad del agua, obtendremos un peso que tiene que ser superior al desplazamiento total de la embarcación:

Ve = Volumen total de la espuma colocada.
Pr = Peso del volumen de agua desplazada, ocupada por la de espuma.
Da = Densidad del agua = 1,025 **t/m3**

$$Pe = Ve \times Da = 8,15 \, m3 \times 1,025 \, t/m3 = \boxed{8,353 \, t.}$$

Calculamos el desplazamiento, con un programa náutico y obtenemos, Fig.163

	Measurement	Value	Units
1	Displacement	8,096	tonne
2	Volume	7,899	m^3
3	Draft to Baseline	1,913	m
4	Immersed depth	1,913	m
5	Lwl	11,434	m
6	Beam wl	3,395	m

← Desplazamiento = **8,096 t.**

Fig.163.-Desplazamiento en t.

Peso del volumen de agua desplazada ocupada por la de espuma, **Pe = 8,353 t.** es superior al peso desplazado **Pd= 8,096 t.**

Recordando el Principio de Arquímedes que dice: Todo cuerpo sumergido total o parcialmente en un fluido, experimenta una fuerza vertical y hacia arriba igual al peso del fluido desplazado. Queda demostrado que tanto los volúmenes de agua desalojados, ocupados por la espuma junto con los pesos de los mismos, son superiores a los volúmenes y pesos desplazados por la embarcación, por lo que la embarcación es totalmente insumergible con recuperación de la flotabilidad **IRF**.Fig.164-165,

Fig.164. Volumen de espuma   *Fig.165. Volumen desplazado de agua*

Volumen espuma = **8,15 m3** mayor que > Volumen desplazado = **7,899 m3**

Peso = **8,353 t** mayor que > Peso desplazado = **8,096 t**

El relleno de espuma de los volúmenes (**v7**), más el volumen de la franja de altura (**H**), son los que nos convertirán la embarcación en insumergible con recuperación de la flotabilidad (**IRF**).

Al estar a una altura (**H**) por encima de la línea de flotación, hace que al abrir la conexión con el mar, el agua suba y quede por debajo del piso a **H** cm. Cuando se llene el interior de agua y se abra la conexión del **IRF**, se evacuará totalmente dejando el piso de la embarcación totalmente seco, siempre que la embarcación este horizontal.

Procederemos a dar la máxima manga de flotación, con el fin de obtener más sección en el área plana de la **L.F**, con esto reduciremos la altura (**H**), correspondiente al volumen de la franja de compensación. Procuraremos que la manga sea lo más amplia posible, evitando que la mitad del ángulo de la proa a nivel de la línea de flotación supere los 20°.Fig.-166.

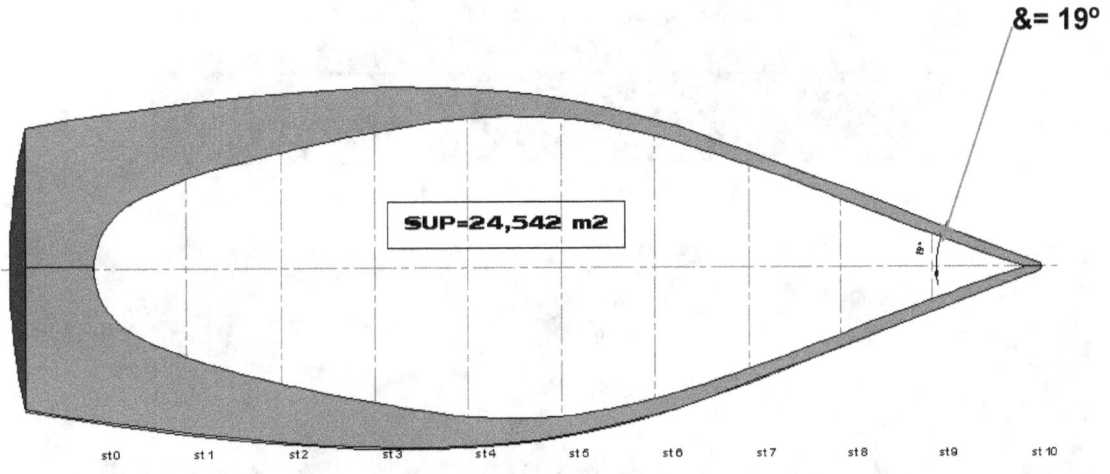

Fig. 166.- Proa ½ ángulo & = 19 º < 20º

En el diseño de la **IRF**, procuraremos reducir al máximo los volúmenes interiores existentes por debajo de la línea de flotabilidad y los apéndices exteriores, cuyas densidades sean superiores a la del agua, como los refuerzos, el lastre etc.

EL CASCO

Calculados los volúmenes de compensación de la **IRF** en espacios huecos rellenos de espuma hasta una altura de **H=10 cm**, por encima de la línea de flotación **LF** instalaremos el sistema de evacuación del agua en el interior.

La evacuación del agua se pude hacer mediante una o dos, llaves de paso de las existentes en el mercado, situada en la sentina que tenga una sección suficientemente grande para que la salida se haga de forma rápida. La salida tendrá que situarse como indica el dibujo, en una pieza que sobresalga del casco, con una forma aerodinámica tipo perfil **NACA**, como queda indicado en los dibujos. Fig. 167-168-169.

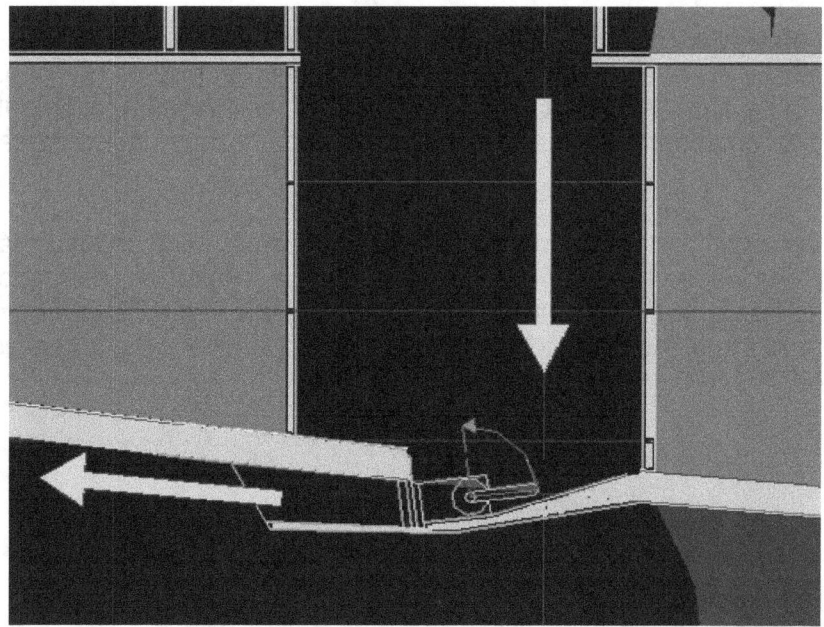

Fig. 167.- Proa ½ ángulo & = 19 º < 20º

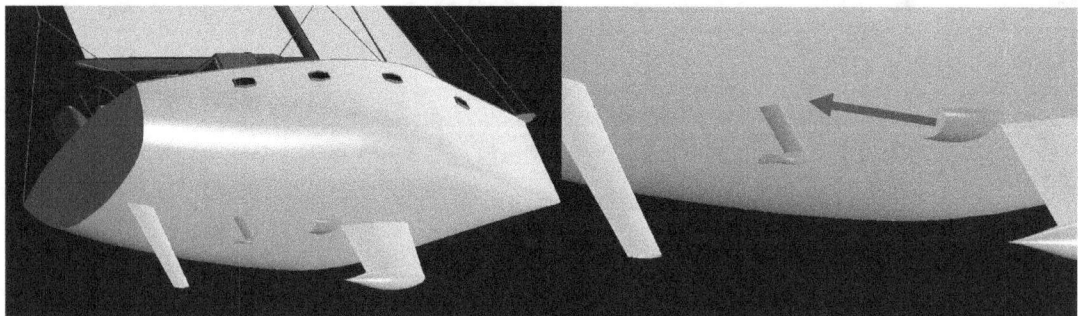

Fig. 168.- Evacuación del agua interior...................Fig.-169.- Detalle

Otra solución sería colocar dos o más llaves de paso juntas, que permitan varias salidas, pudiendo controlar de esta manera la intensidad de salida del agua, hay que tener en cuenta que el agua interior, una vez abiertas las llaves saldrá con la misma intensidad que el empuje vertical **E**, que equivale al peso de **P** de la embarcación .Fig. 170.

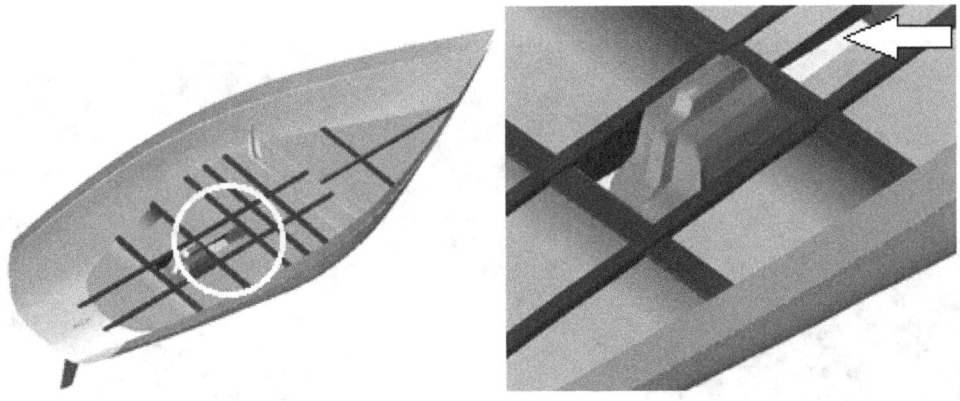

Fig. 170. Detalle de la sentina donde está la llave de paso

Una salida correcta, sería la que se explica en los planos de construcción amateur, sistema para aplicar en las distintas embarcaciones **IRF**, cuyo diseño permite que el casco quede totalmente liso sin ningún apéndice que sobresalga y sin ninguna obertura de salida, permitiendo de una forma rápida la evacuación del agua interior, gracias a su gran sección de salida.

Este dispositivo consiste en dos cilindros concéntricos colocados verticalmente, que actúan como un embolo. Desplazándose el cilindro interior en dos direcciones, abajo y arriba, colocados verticalmente, estos tiene una gran abertura lateral que permite la salida rápida del agua, tal como queda representado esquemáticamente en los dibujos y cuyos planos detallados para su construcción vienen en Los Cuadernos Náuticos, indicando Fig. 171-172-173-174

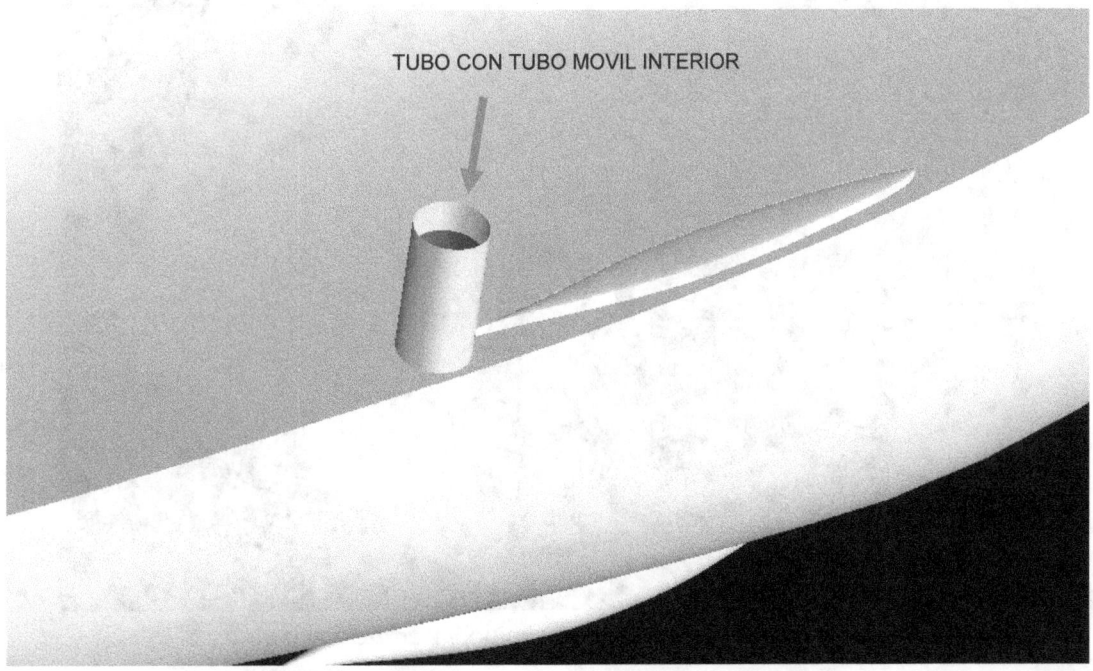

Fig. 171. Detalle tubos concéntricos en el interior.

Fig. 172. Vista general del tubo bajado

Fig. 173. Vista general del tubo subido, integración en el casco.

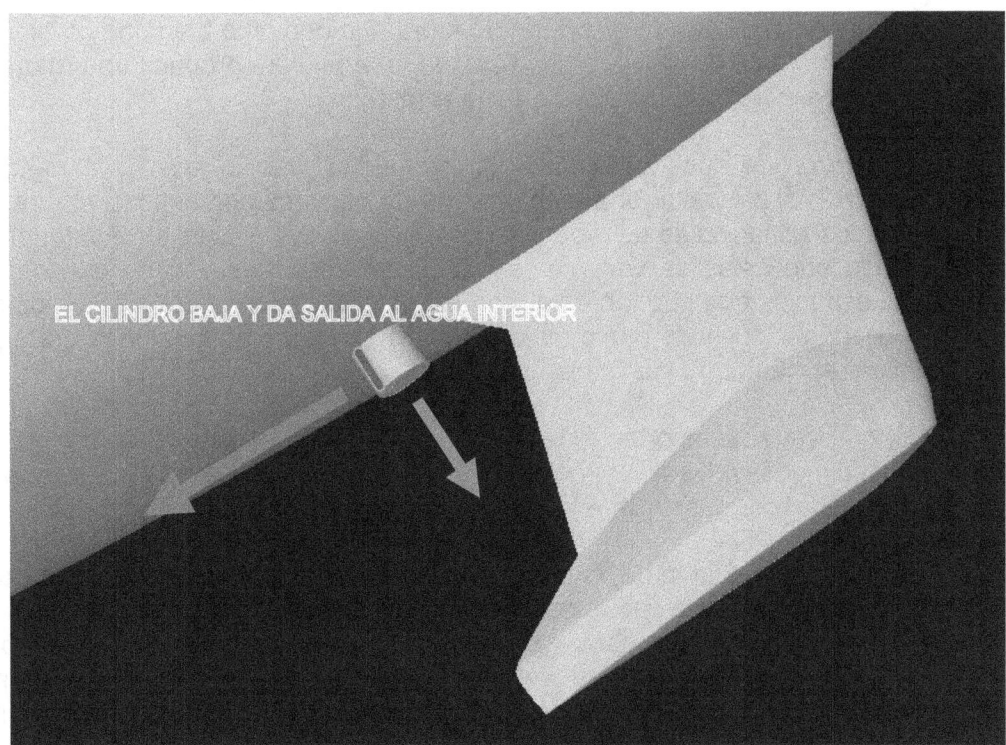

Fig. 174. Detalle del tubo bajado.

Este dispositivo que permite la recuperación de la flotabilidad **IRF**. En el supuesto que durante la navegación entrara gran cantidad de agua, esto nos da la posibilidad de bajar el cilindro para que se produzca su evacuación. En otras ocasiones, cuando la embarcación permanece amarrada en el puerto, se podría dejar abierta, esto nos evitaría un posible hundimiento, por vías de agua del inodoro, tomas de agua refrigeración del motor, presa estopas del eje de la hélice, etc. Fig. 175.

Fig. 175. Embarcación amarrada en el puerto

Al tener relleno la parte inferior de la embarcación hasta la línea de flotación, con espuma, esto nos protege de posibles entradas de agua, motivadas por un golpe al casco producido por algún objeto que flotando fuera a la deriva, o bien una colisión de los bajos con alguna roca que tuviera poco calado, que pudiera producir una rotura en el casco, la espuma evitaría la entrada de agua al interior.

Como contrapartida de las ventajas y la seguridad que ofrece mis métodos propuestos del **IRF**, el proyectar una embarcación de estas características, tendremos muy en cuenta los espacios libres, sobre todo a nivel de las alturas en el interior del habitáculo, dado que éstas se ven afectadas. Dependiendo del diseño que deberá considerar los espacios que puedan estar con espuma por encima de la **LF**, y los que tendremos que poner su nivel por debajo de la **LF**, para conseguir unas correctas circulaciones por el interior de sus ocupantes.

En el caso de una entrada importante de agua, tendríamos que considerar una posible situación de continuos vaivenes y balanceos producidos por las olas, los cuales podrían desnivelarla por desplazar el volumen de agua hacia la proa o a la popa.

Una inclinación hacia un la proa o la popa, perjudicaría la horizontalidad para la perfecta evacuación del agua, esto nos lleva a plantearnos una incorporación de volúmenes extra de flotabilidad, como previsión para amortiguar estos balanceos y evitar la concentración de un fuerte volumen de agua, tendiendo a equilibrar la embarcación en sentido longitudinal, estos casos son muy puntuales, coincidiendo situaciones extremas.

La incorporación en la popa y la proa de dos reservas de flotabilidad de aire estancas, o bien rellenándolas de espuma, dejando estos volúmenes debidamente sellados, pudiendo emplazarse de forma parcial o totalmente debajo de las literas en los camarotes, esto permitiría que el agua del interior que se desplazara hacia alguno de los extremos, un empuje hacia arriba, que equilibraría la embarcación.

Aunque esto último podría suceder, sólo cuando se dieran situaciones muy extremas, en las que se produjera una entrada importante de agua, podríamos evitar la acumulación de agua, bajando el cilindro con el fin de evacuar rápidamente la que fuera penetrando, pero el inconveniente de esta solución sería la entrada y salida de agua continuamente, producida por los movimientos de la embarcación.

Es importante recalcar que si la embarcación quedara completamente llena de agua, la flotabilidad de esta estaría garantizada, no se produciría ningún hundimiento, habría que esperar a que estuviera lo más horizontal posible para proceder a evacuarla.

Los balanceos que pudieran producirse transversalmente no los considero, por ser los desplazamientos en este sentido de corto recorrido, lo que no impediría la salida del agua que pudiera haber en su interior.

Representamos de forma gráfica estos balanceos, en el sentido longitudinal, por considerar interesante el poder apreciar estos efectos, la reproducción de forma gráfica las fases que perjudican la horizontalidad de la embarcación para evacuar las aguas interiores de esta:

1.-La embarcación se inclina longitudinalmente hacia la proa, si tenemos colocada espuma en los extremos por encima de la **LF**., haría que el peso interior del agua **Pa**, forma un par de momentos con el empuje **E**, de la espuma, tendiendo a equilibrarlo. Fig.176.

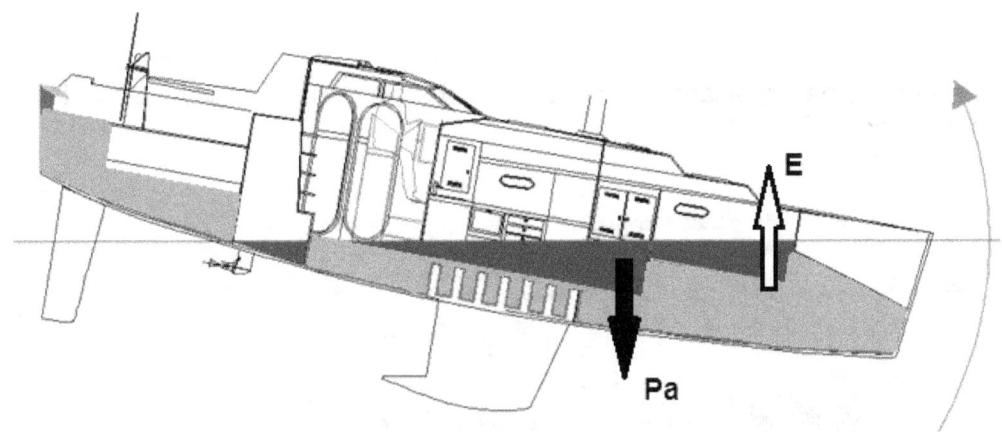

Fig. 176. Embarcación inclinada hacia la proa

2.- El agua interior va hacia popa, la reserva de flotabilidad de la popa, produce un empuje hacia arriba **E**, equilibrando el peso del agua interior **Pa**, y creando un per de momentos que estabiliza la embarcación. Fig.177

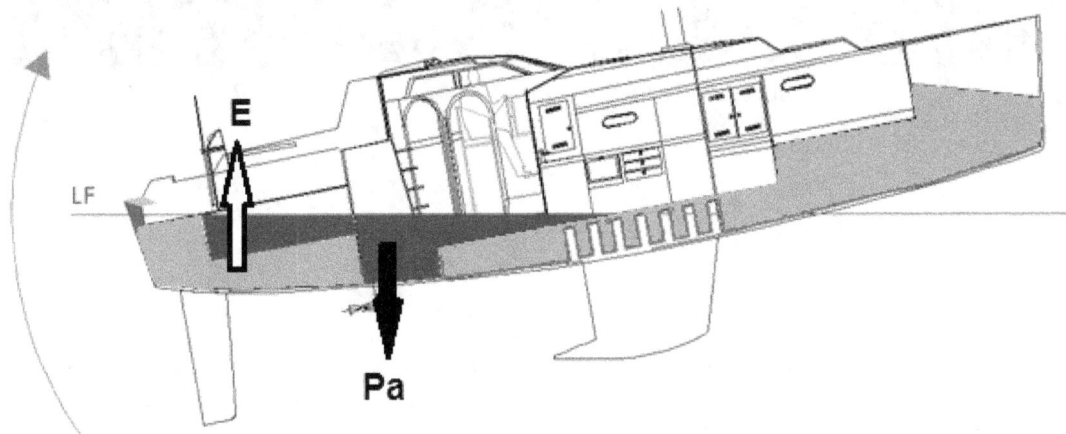

Fig. 177. Embarcación inclinada hacia la popa.

3.- El agua interior se ha nivelado, a medida que la acción de las olas se vaya reduciendo, pudiendo evacuarla del interior, accionando el **IRF**.

El peso del agua interior **Pa** más el peso propio **Pt** de la embarcación, queda posicionado con el empuje total **E**. Fig.178

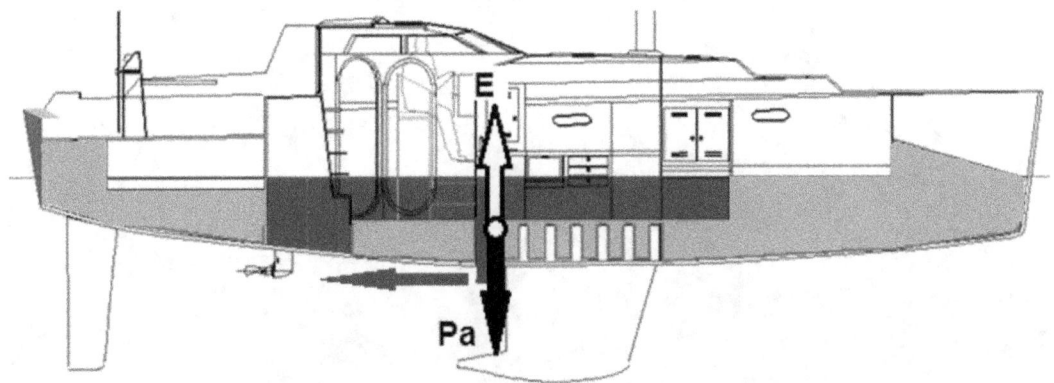

Fig. 178. Embarcación horizontal sin balanceos.

El agua interior se ha expulsado, el cilindro se sube cerrando el casco, no quedando ninguna perforación.Fig.179

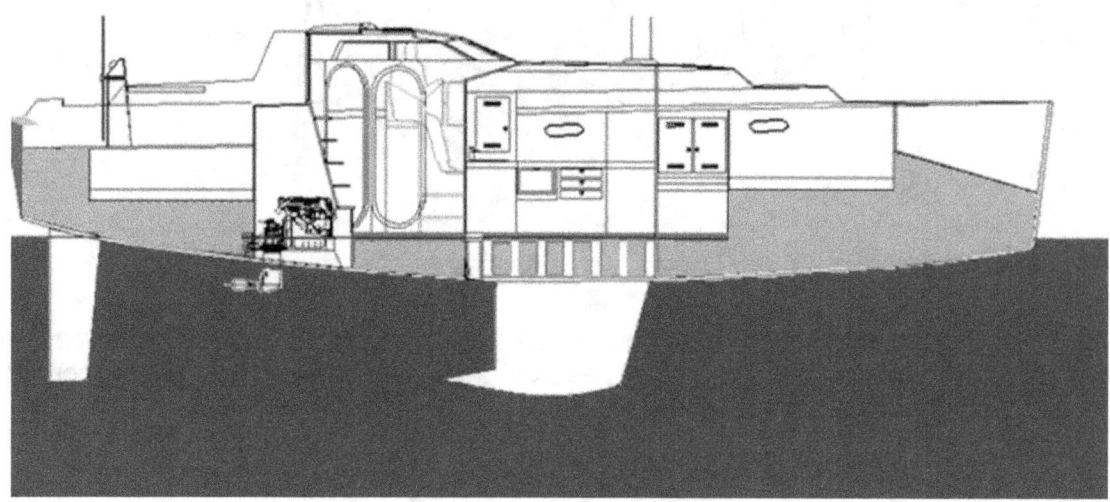

Fig.179.- Expulsión total del agua interior.

CONVERSIÓN EN VOLÚMENES DE AGUA
EJEMPLO PRÁCTICO

VOLÚMENES OBRA VIVA

Los volúmenes de compensación necesarios para que siga existiendo un empuje equivalente al peso de la embarcación, y para que la densidad del conjunto permita la flotabilidad de la misma, lo conseguiremos calculando los volúmenes existentes por debajo de la línea de flotación **LF** y los convertiremos en volúmenes parciales de agua desplazada, cuya suma de todos ellos nos dará el volumen del desplazamiento total de la embarcación.

Se utilizará espuma de relleno en los volúmenes vacíos de compensación, para dar una mayor seguridad, evitando la penetración y ocupación de estos por el agua, en el caso de una colisión del casco, que produjera una vía de agua con el resultado de una inundación y por consiguiente un hundimiento.

Tenemos dos tipos de volúmenes:

1.- VOLÚMENES SUPERIORES O IGUALES AL AGUA

Los volúmenes con densidades superiores o iguales a la del agua. Estos los multiplicaremos por la densidad del agua, considerando la densidad de esta

> **Da=1.025 t/m3.**

2.- VOLUNENES INFERIORES AL AGUA

Los volúmenes con densidades inferiores a la del agua. Los multiplicaremos por la densidad del material del volumen.

> **De**=Densidad de espuma   //   **De=0,06 t/m3**
> **Dm**=Densidad de la madera   //   **Dm=0,50 t/m3**

Franja de los volúmenes a compensar, por la parte superior de la línea de flotación Fig.-180

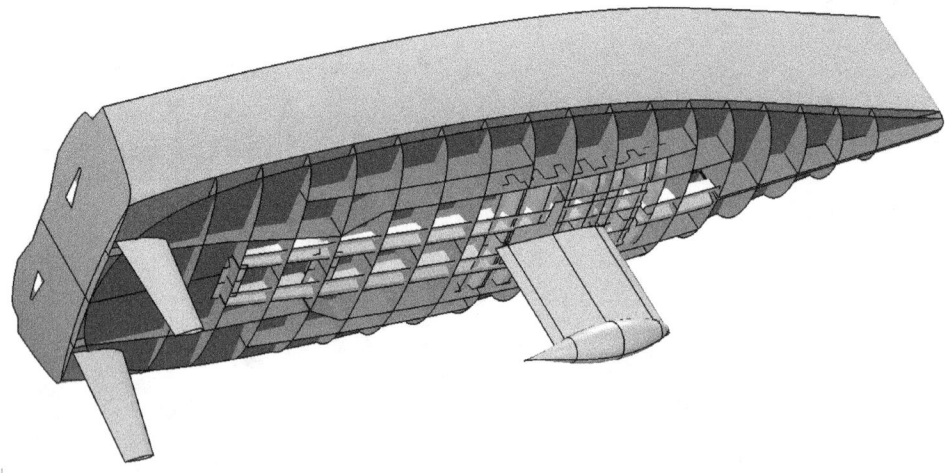

Fig.-180.- Volúmenes a compensar

Dos protecciones de los volúmenes de flotabilidad necesarios en la embarcación. Un diseño formando una estructura reticular de la modulación de los mamparos, que crea volúmenes estancos y un relleno de espuma formada con células estancas, de mínima absorción de agua.

La estructura reticular de la modulación, es un valor añadido de cara a la resistencia del casco.

La retícula crea múltiples barreras para evitar el paso del agua, en el caso de que exista una vía de agua en un punto de la misma, impidiendo la pérdida del volumen de flotación de la embarcación.

El relleno de espuma garantiza la protección total de los volúmenes de la retícula, evitando la penetración en cualquier volumen del agua.

De esta forma queda garantizada la flotabilidad..Fig.181

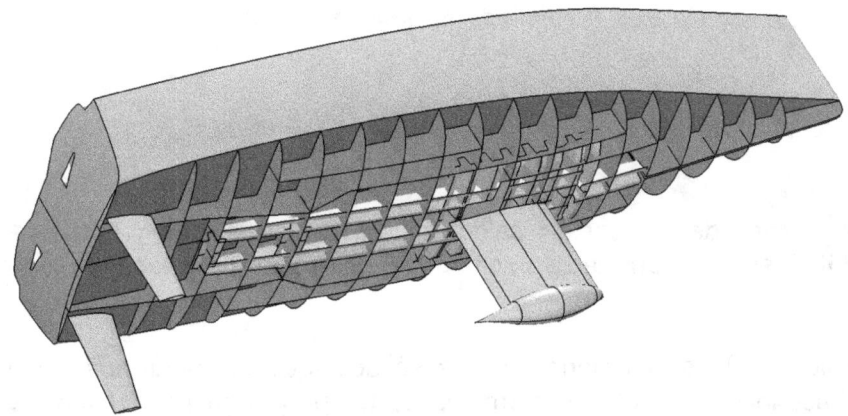

Fig.-181.- Estructura reticular modulada.

Independiente mente de la retícula existe otra estructura de perfiles omega, realizados con fibra y resinas, para la sustentación del lastre, en el sentido transversal y longitudinal.Fig.-182

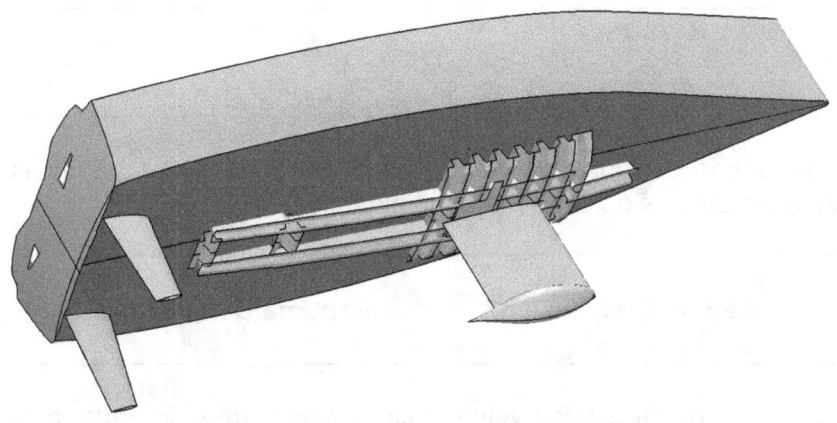

Fig.-182.- Refuerzos transversales y longitudinales.

Relleno de espuma de los volúmenes de la retícula, completa la seguridad, evitando la posible penetración del agua por un impacto de un objeto flotante..Fig.183

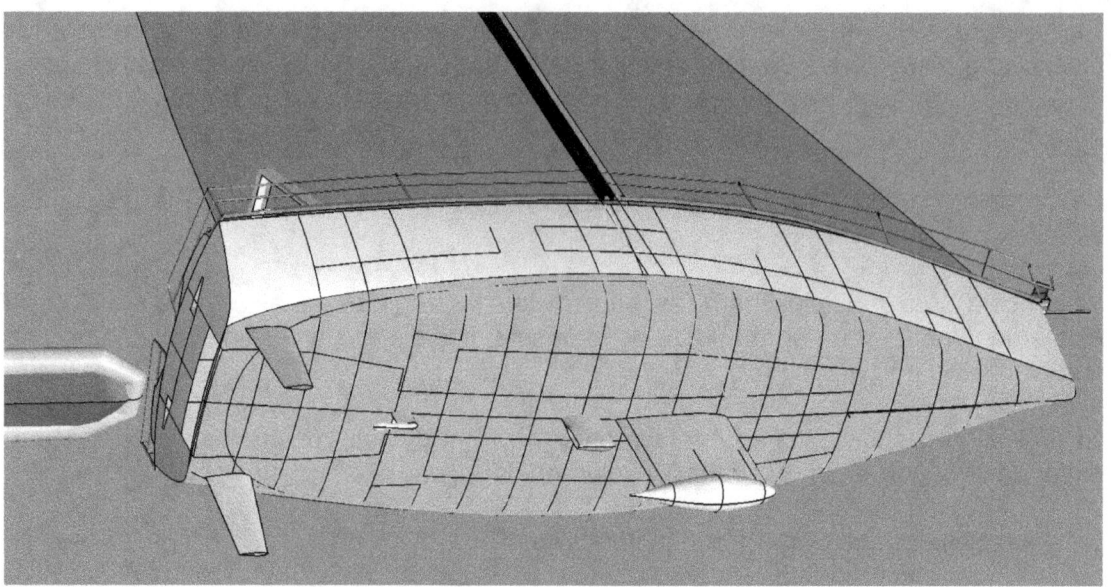

Fig.-183.- Relleno de espuma de los volúmenes.

CUADRO DE VOLÚMENES

Una forma práctica de realizar los cálculos de insumergibilidad y recuperación de la flotabilidad **IRF**, es crear una tabla Excel, en la que vayamos colocando los volúmenes sólidos.

Una vez colocados los volúmenes de los sólidos, que los podemos calcular o bien podemos hacerlo de forma rápida, mediante un programa náutico tipo **Maxsurf**, o similar, procederemos a la conversión de estos volúmenes en volúmenes de agua.

Para realizar las conversiones en volúmenes de agua, consideraremos dos grupos:

1.- Los volúmenes con densidades iguales o superiores a la del agua **Da**, los multiplicaremos por la densidad del agua.

> **Da=1'025** t/m3.

2.-Los volúmenes con densidades inferiores a la del agua, estos los multiplicaremos por las densidades propias de cada material, ejemplo:

> **Madera D=0,600** t/m3.   **Espuma D=0,05** t/m3

Calculados y convertidos todos los volúmenes en volúmenes de agua, procedemos a sumarlos, para obtener el peso total a compensar **Pt.**

TABLA Nº3

NAUTA 40 -IRF

CÁLCULO DE LA INSUMERGIBILIDAD Y RECUPERACIÓN DE LA FLOTABILIDAD				

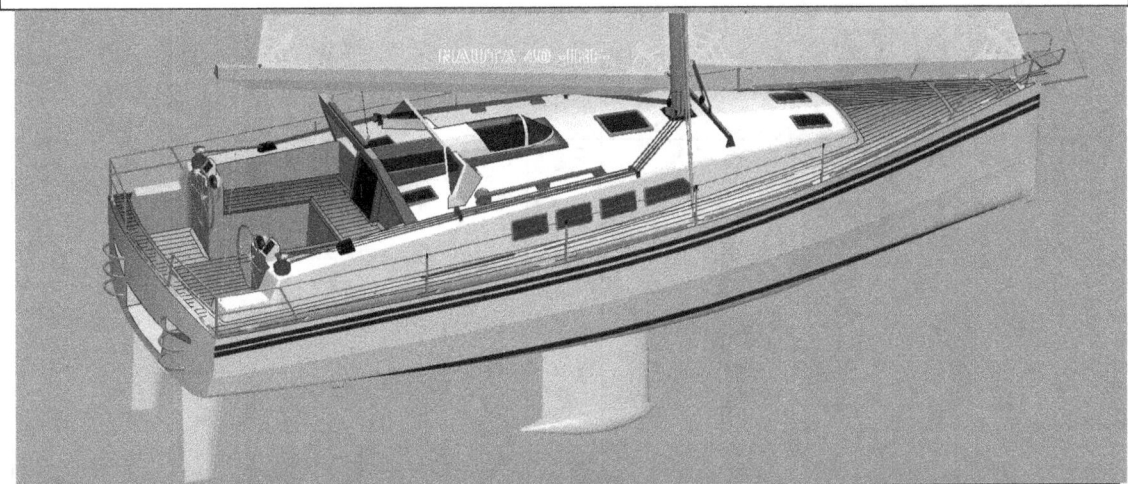

VOLÚMENES CON DENSIDAD IGUAL O SUPERIOR AL AGUA		VOLUMEN	DENSIDAD	PESOS VOLÚMENES DE AGUA
1.-VOLÚMENES METÁLICOS	U.	m3	t/m3	t.
1.1.-Lastre. Bulbo de plomo	1	0,233	1,025	0,239
1.2.-Chapa lateral de acero inoxidable.	1	0,029	1,025	0,030
1.3.-Lastre. Pletinas verticales	1	0,012	1,025	0,012

1.4.-Lastre. Pletina horizontal	1	0,007	1,025	0,007
1.5.-Eje palas de los timones.	2	0,0116	1,025	0,0238
1.6.-Hueco motor interior	1	0,108	1,025	0,111
1.7.-Perfil metálico anti choque lastre.	1	0,353	1,025	0,362
TOTAL Nº1				**0,785 t.**
2.-VOLÚMENES LAMINACIONES	**U.**	**m3**	**t/m3**	**t.**
2.1.-Casco. Laminación central maciza.	1	0,25	1,025	0,256

2.2.- Casco Laterales en sándwich.	2	0,227	1,025	0,454
2.3.- Laminaciones palas timones.	2	0,005	1,025	0,010
2.4.- Laminaciones refuerzos casco.	1	0,222	1,025	0,228
TOTAL Nº2				**0,948**
VOLÚMENES CON DENSIDAD INFERIOR A LA DEL AGUA		VOLUMEN	DENSIDAD	PESOS VOLUMENS AGUA
3.- VOLÚMENES DE MADERA	U.	m3	t/m3	t.
3.1.- Madera. Secciones transversales y longitudinales.	1	0,316	0,600	0,189
TOTAL Nº3				**0,189**
4.- VOLÚMENES DE ESPUMA				
4.1.- Casco espuma laterales en sándwich.	1	0,341	0,05	0,017
4.2.- Rellenos huecos con espuma	1	7,488	0,05	0,374

4.3.- Espuma. Relleno perfil naca lastre	1	0,01	0,08	0,001
4.4.-Espuma palas del timón.	1	0,055	0,08	0,004
TOTAL Nº4				**0,396**

RESUMEN	PESO (t.)
TOTAL Nº1	0,785
TOTAL Nº2	0,948
TOTAL Nº3	0,189
TOTAL Nº4	0,396
TOTAL A COMPENSAR	**2,318**

IMMERSIÓN DE LA EMBARCACIÓN

Calcularemos el peso que supone el hundimiento de la embarcación por centímetro de profundidad **t/cm**.,

Buscaremos en el **Maxsurf** la inmersión por centímetro de altura, la cantidad el volumen de agua desplazada por centímetro (**t/cm**). Fig.-184

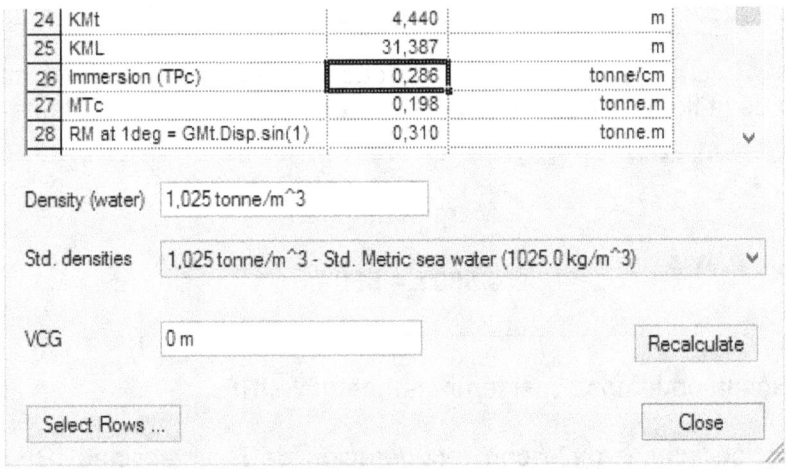

Fig.184- Inmersión

ALTURA A COMPENSAR, FRANJA

Obtenida la inmersión por centímetro de altura, veremos los centímetros necesarios para formar una franja por encima de la línea de flotación, necesaria para cubrir los volúmenes de agua que hemos calculado de los sólidos con densidad igual o superior a la del agua.

m = Inmersión
Da= Densidad del agua
Cv= Compensación volúmenes
Fc= altura franja de compensación

DATOS:
Im= 0,286 t/cm
Da=1.025 t/m3
Cv=2,13 t.

Cálculo de la franja necesaria para compensar los volúmenes de flotabilidad y recuperación **IRF**.

$$Fc = \frac{2,318}{0,286} = 8,10 \text{ cm.}$$

Fc= 8,10 cm

Habíamos previsto para el cálculo una franja de **10** cm, esto nos da una seguridad adicional de:

> 10-8,10 = **1,96** cm

Estos centímetros que sobran equivalen a:

> 1,96 x 0,286 = **0,560 t**.

La franja de **10** cm, hace que la embarcación sea totalmente insumergible, con recuperación de la flotabilidad, **IRF** y con un margen adicional equivalente a:

> Margen de peso
>
> **0,560 t.= 560 kg.**

La embarcación la podemos considerar insumergible **IRF**.

Una embarcación insumergible con recuperación de la flotabilidad **IRF**, nos permite realizar travesías con un margen de seguridad importante, esto nos aporta buenas singladuras.

Estos métodos indicados son aplicables a distintos tipos de embarcaciones, veleros, de motor, pesqueros, pasajeros, etc., variando únicamente en el enfoque de los cálculos y situación de los volúmenes de compensación.

¡¡¡ Una navegación segura para un regreso feliz !!!

Juan Ignacio Raduan

PUBLICACIONES

Lulu.com.
Sección: Libros: Nauta 40 CONSTRUCCIÓN

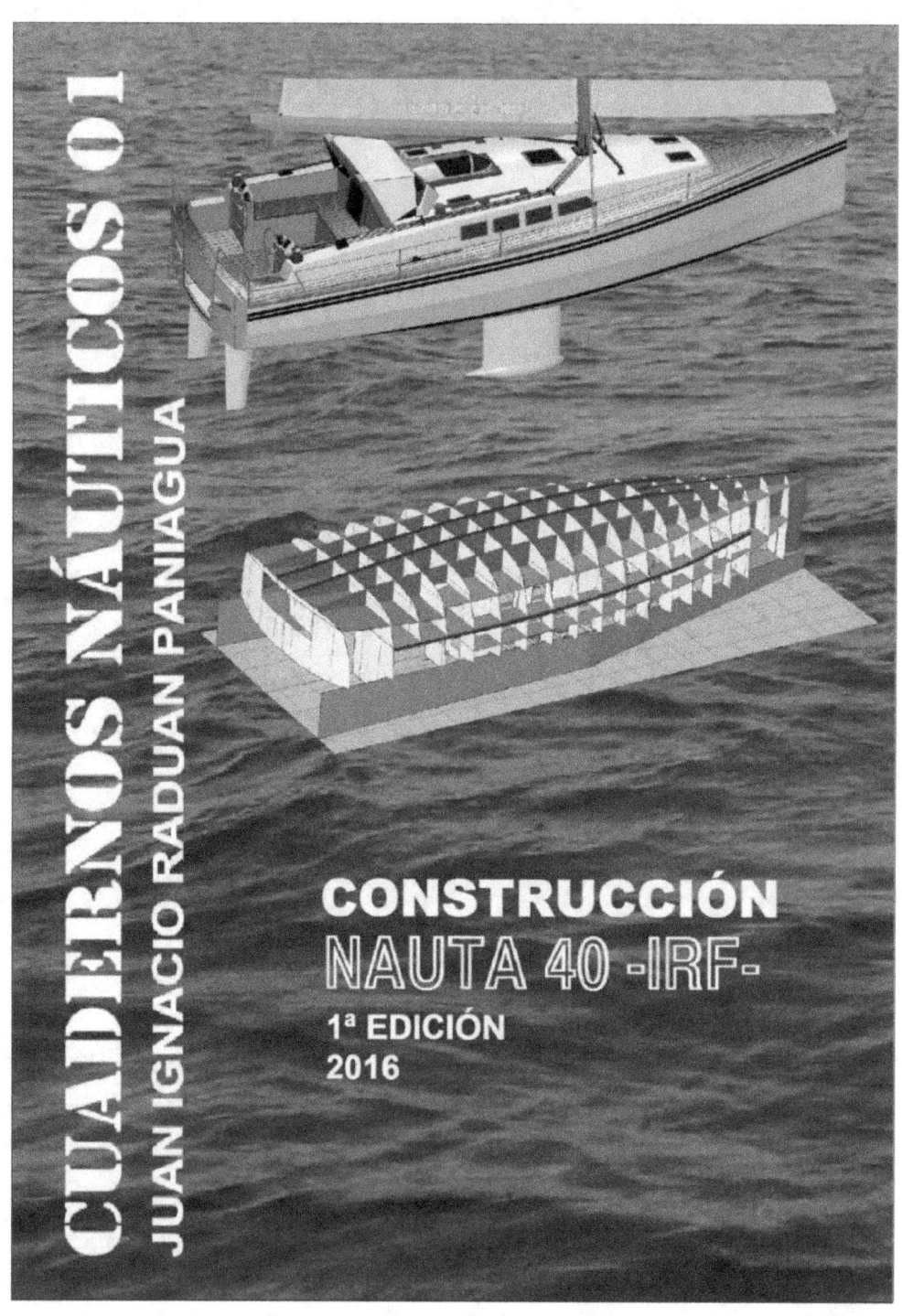

Lulu.com
Sección: Libros DELFIN 35 construcción

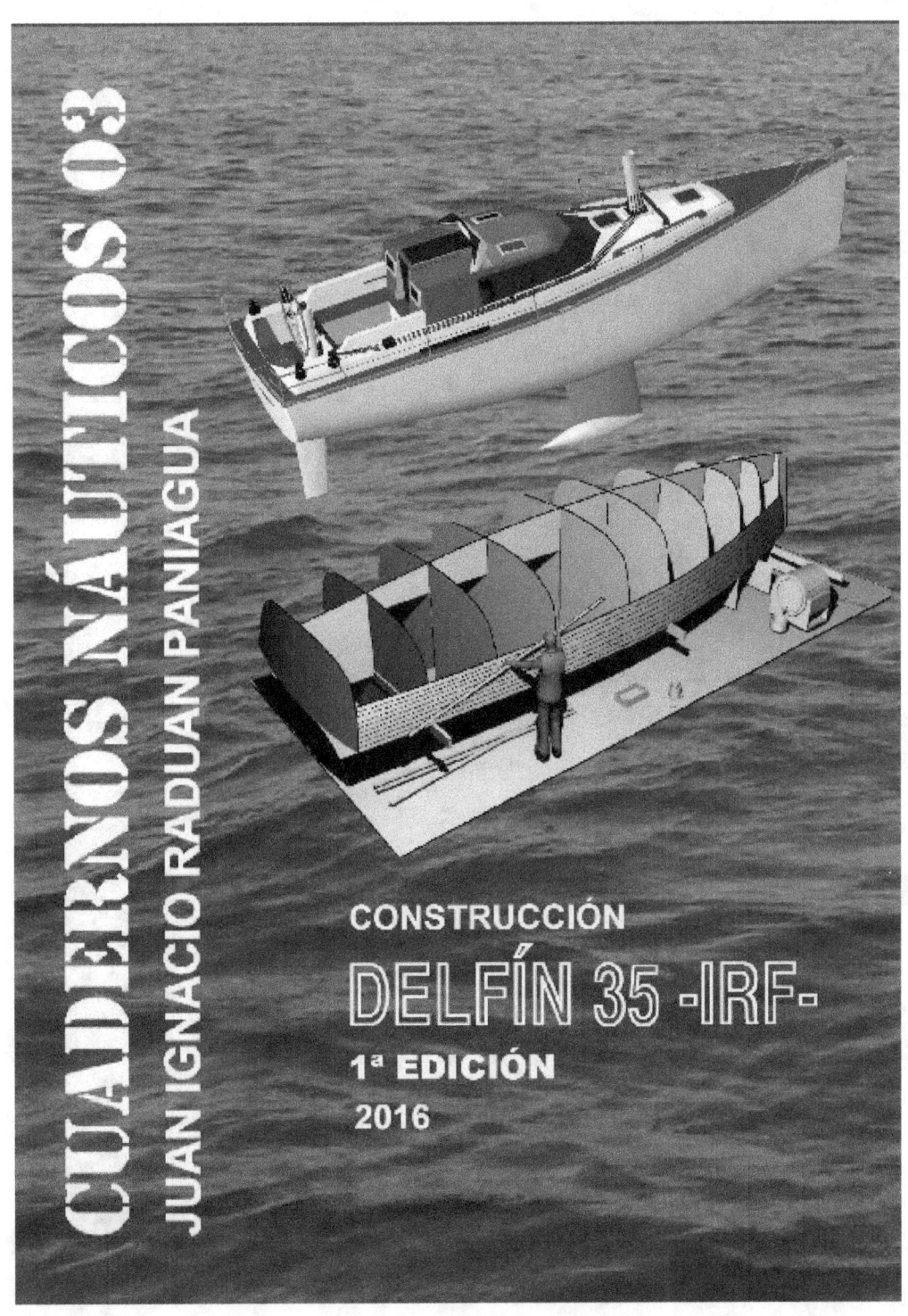

Lulu.com
Sección: Libros DELFIN 35 E planos

Lulu.com
Sección: Libros DELFIN 35 E planos

Lulu.com
Sección:Libros ESCALA DE PESO